DIE ELEKTRISCHEN UND BEWEGUNGS-ERSCHEINUNGEN AM BLATTE DER DIONAEA MUSCIPULA.

VON

DR. HERMANN MUNK,

A. O. PROFESSOR AN DER UNIVERSITÄT ZU BERLIN.

MIT DER

ANATOMISCHEN UNTERSUCHUNG DES DIONAEA-BLATTES

VON

F. KURTZ.

MIT 3 TAFELN.

LEIPZIG.

VERLAG VON VEIT & COMP.

1876.

DIE
ELEKTRISCHEN
UND
BEWEGUNGS-ERSCHEINUNGEN

AM BLATTE DER DIONAEA MUSCIPULA.

VON

DR. HERMANN MUNK,

A. O. PROFESSOR AN DER UNIVERSITÄT ZU BERLIN.

MIT DER

ANATOMISCHEN UNTERSUCHUNG DES DIONAEA-BLATTES

VON

F. KURTZ.

MIT 3 TAFELN

LEIPZIG.

VERLAG VON VEIT & COMP.

1876.

Aus Reichert's und du Bois-Reymond's *Archiv für Anatomie, Physiologie und wissenschaftliche Medicin*, Jahrgang 1876, Heft 1 u. 2, besonders abgedruckt.

Inhalt.

Zur Anatomie des Blattes der Dionaea muscipula.

Von

F. Kurtz.

Hierzu Taf. I. und Taf. II.

Historisches.[1]

Die Venusfliegenfalle wurde in Europa zuerst durch getrocknete Exemplare bekannt, welche John Bartram, Königlicher Botaniker zu Philadelphia, 1764—65 an den Londoner Kaufmann und Pflanzenkundigen Peter Collinson schickte. Dieser theilte ein Exemplar der Pflanze an John Ellis mit, der dasselbe in Gemeinschaft mit Dr. Solander untersuchte und darin eine dem Sonnenthau (Drosera) nahestehende Gattung erkannte, die er Dionaea muscipula nannte. 1769 brachte William Young aus Philadelphia die sonderbare Pflanze lebend nach England. Ellis sandte nun einen Brief, der eine Abbildung, eine Beschreibung des eigenthümlichen Verhaltens der Blätter und eine Aufzählung der systematischen Charaktere der Dionaea enthielt, an Linné. Dieser Brief wurde jedoch erst 1775 publicirt (4), und Ellis gab inzwischen eine englische Beschreibung heraus, die dieselben Thatsachen wie der Brief an Linné, aber in ausgeführterer

1) Die Geschichte der Dionaea ist von J. D. Hooker in der Rede (1), die er am 21. August 1874 zu Belfast vor der British Association hielt, gegeben worden. Da jedoch weder die Reports of the British Association, noch die Zeitschriften „Nature“ (2) nnd „Gardener's Chronicle“ (3) in Deutschland allgemeiner verbreitet sind, so komme ich dem mir ausgesprochenen Wunsche, eine kurze historische Uebersicht des Erwerbs unserer Kenntnisse von der Dionaea zu geben, um so lieber nach, als Hooker's Bericht nicht ganz vollständig ist.

Weise enthält (5), und von derselben, hier colorirten Tafel begleitet ist, die dem Briefe an Linné schwarz beigegeben ist. Diese ausführlichere Beschreibung übersetzte Schreber in's Lateinische und Deutsche (6), und ausserdem erschien 1777 eine ziemlich genaue französische Uebertragung, die vermuthlich nach der Schreber'schen gemacht ist (7) Auch die Uebersetzungen sind von der Ellis'schen Abbildung begleitet.

Der Hauptinhalt des Ellis'schen Aufsatzes ist: „dass die Natur vielleicht einiges Absehen auf ihre (der Dionaea) Ernährung, bei der Bildung ihrer Blätter, gehabt haben möge. Das obere Theil derselben stellet ein Werkzeug zum Fange einer Art Nahrungsmittel vor; auf dessen Mitte die Lockspeise für das unglückliche zum Raube ausersehene Insect, lieget. Viele kleine rothe Drüsen, die die obere Fläche des Blattes bedecken, und einen vielleicht süssen Saft ausschwitzen, locken das Thierchen an denselben zu kosten; in dem Augenblicke, da dessen Füsse diese zarte Theile berühren, werden die zween Lappen des Blattes durch den Reiz in Bewegung gesetzt, schlagen einwärts zusammen, fassen das Thierchen, legen die Stacheln am Rande in einander und drücken das Thierchen todt. Damit aber nicht die Bemühungen des Thierchens, sein Leben zu erhalten, zu seiner Befreiung gereichen können; so befinden sich drei kleine Stacheln in der Mitte jedes Lappens zwischen den Drüsen aufgerichtet, welche allem seinem Bestreben ein Ende machen." Ellis bemerkt ferner, dass die Pflanze keinen Unterschied zwischen einem Thier und einer vegetabilischen oder anorganischen Substanz macht, und dass die Drüsen der Blattoberseite an Pflanzen, die in der Sonne gewachsen, schön hellroth sind. Er kannte auch bereits die Sprödigkeit und Zerbrechlichkeit der Blattspreite, und hatte schon beobachtet, dass die Empfindlichkeit der Dionaea vom Wetter beeinflusst wird.

Schreber stellt in der Vorrede zu seiner Uebersetzung (1771) die Bewegungen der Dionaea zu den schon längst bekannten Bewegungserscheinungen der Mimosen, Oxalis u. s. w. und sagt gegen das Ende der Vorrede: „Unglaublich aber scheint, was darin gemuthmaasset wird, dass die Pflanze von den zwischen ihren Blättern zerdrückten Insecten einige Nahrung ziehe."

Dieselbe Ansicht über die Natur der Bewegungen der Fliegenfalle äussert Linné (8): „Sensibilia sunt folia, ut dum insectum irrepat aut insideat folio, se claudant conduplicatis lateribus et decussatis ciliis marginalibus, detinentia etiam insectum aculeis paginae superioris, usquedum lassum quiescat, tumque dimittunt."

Broussonet (9) stellte die Ansicht auf, dass das Zusammenklappen des Blattes dadurch hervorgebracht würde, dass durch die Berührung desselben eine Flüssigkeit, die das Blatt in Spannung hielt, veranlasst wird, aus demselben herauszuströmen: „la piquûre paroit déterminer un dégagement de fluide qui retenoit la feuille ouverte en remplissant ses vaisseaux" (l. c. p. 614).

E. Darwin (10) meinte, die Dionaea umgebe sich mit Insectenfallen, um Zerstörungen ihrer Blüthen zu verhindern.

Ungefähr zu Anfang unseres Jahrhunderts entdeckte der Pflanzenzeichner Sydenham Edwards, dass „the small spines, mentioned and figured by Ellis, are the only irritable points, and that any other part of the leaf may be touched with impunity" (11).

Die erste gute Beschreibung der Lebensweise der Venusfliegenfalle gab Rev. W. Curtis (12) 1834 in einer Aufzählung der um Wilmington in Nord-Carolina — dem einzigen Ort wo, soweit bis jetzt mit Sicherheit bekannt, die Dionaea wild vorkommt — wildwachsenden Pflanzen. Er fand, ohne Edwards' Entdeckung zu kennen, dass die drei Härchen auf jeder Blatthälfte der alleinige Sitz der Reizbarkeit seien; dann berichtigte er die Behauptung Ellis', dass die Blätter beim Zusammenklappen die gefangenen Insecten zerquetschen. Er beobachtete zuerst, dass die Thierchen in den geschlossenen Blättern häufig von einer schleimigen Flüssigkeit umgeben sind: „at other times I have found them (the insects) enveloped in a fluid of a mucilaginous consistence, which seems to act as a solvent, the insects being more or less consumed in it." Diese Beobachtung machte es ihm wahrscheinlich, dass die

Insecten der Pflanze mit zum Unterhalt dienten, doch hielt er diese thierische Nahrung für die Existenz der Pflanze nicht für nothwendig.

Charles Morren (13), der Verfasser zahlreicher Aufsätze über Bewegungserscheinungen an den Pflanzen, machte die ersten Beobachtungen über die Entwickelungsgeschichte der Blätter der Dionaea, die bis dahin von den Autoren gänzlich unberücksichtigt geblieben war. Er constatirte, dass der Blattstiel bereits seine volle Grösse zu einer Zeit erreicht, zu der die Lamina noch sehr klein und unentwickelt ist, und dass die Reizbarkeit der Blätter sich erst zeigt, wenn die beiden Hälften der Lamina sich ausbreiten. Dann fügt er aber irrthümlich hinzu: „Remarquons maintenant que lorsque les bords des lobes sont encore enroulés sur eux-mêmes, la partie externe de l'enroulement forme un bourrelet longitudinal, séparé de la nervure médiane par une foule de stries perpendiculaires à cette nervure, et que c'est ce bourrelet qui plus tard deviendra le siège de l'irritabilité. C'est évidemment dans la Dionée l'analogue du coussinet ou pulvinus des feuilles de la sensitive[1]."

Die ersten anatomischen Kentnisse des Dionaeablattes verdanken wir F. J. F. Meyen (14). Er beschreibt ganz richtig den Bau (soweit seine Instrumente dies ermöglichten) und die Vertheilung der Sternhaare, nur giebt er fälschlich an, dass auf den Randborsten sich dieselben Drüsen, wie auf der Blattoberseite, befinden; er bemerkt auch, dass die Spaltöffnungen reichlich auf beiden Seiten des Blattstiels, weniger häufig auf der Unterseite und sehr selten auf der Oberseite der Lamina vorkommen. Von den Drüsen der Blattoberseite sagt er, dass sie zu den Scheibendrüsen wie die des Hopfens und der Ribes

---

1) Der II. Band des „Horticulteur Belge," einer auch in Belgien ziemlich seltenen Zeitschrift, stand mir nicht zur Verfügung. Herr Prof. E. Morren in Lüttich war indess so gütig, mir einen Auszug der Arbeit seines Vaters zu schicken, und diesen Auszug habe ich hier citirt. Ich ergreife diese Gelegenheit, Herrn Prof. E. Morren für die grosse Liebenswürdigkeit meinen herzlichsten Dank auszusprechen.

nigrum gehören, und da er nie ein Secret an ihnen wahrgenommen, spricht er die — irrige — Meinung aus, dass sie in eine innere Höhle secerniren. Die auffallende Structur der Lamina, ihre eigenthümliche Nervatur schildert er zutreffend, auch die Tendenz des Fibrovasalstrangs der Blattspreiten-Mittelrippe, sich zu theilen, hat er beobachtet. Indess enthalten seine Mittheilungen auch viel Irrthümliches, was zum Theil darin seine Erklärung findet, dass die von ihm untersuchten Pflanzen in schlechtem Zustande gewesen sind, wie man aus verschiedenen seiner Angaben folgern kann[1]). Der Sitz der Reizbarkeit ist nach Meyen die Mittelrippe; die sensiblen Härchen der Blattoberseite und ihre Function, die er aus Ellis' und Curtis' Mittheilungen kannte, erwähnt er in seiner Arbeit gar nicht. Ferner sollen die jungen Blätter Schlafbewegungen zeigen; weder Hr. Prof. Munk, noch Hr. Universitätsgärtner Barleben, der die Dionaea schon seit Jahren beobachtet, noch ich haben Schlafbewegungen an ihr wahrgenommen. Wegen der vom Typus des Dicotylenblatts etwas abweichenden Nervatur hielt Meyen die Lamina für ein Anhangsgebilde, wie die Becher von Nepenthes, den Petiolus dagegen für das eigentliche Blatt. Die von Dassen (15) aufgestellte Ansicht, dass jede Blattspreitenhälfte der Dionaea eigentlich ein Blatt, Dionaea mithin eine Pflanze mit gefiederten Blättern (wie die Mimosen) sei, widerlegt Meyen durch Hinweis auf die Vertheilung der Gefässstränge. Als reizbares Gewebe betrachtet er die Epidermis der Oberseite der Blattmittelrippe; der Reiz wird dann durch die unter der Epidermis gelegenen Zellen auf das Gefässbündel übertragen, von dem aus „durch Zusammenziehung der Seitennerven das Zusammenfalten der beiden Lappen erfolgt, wobei sich aber auch das, in dem Grunde der Falte liegende Zellengewebe zusammenzieht und nicht etwa mechanisch zusammengequetscht

1) Z. B. daraus, dass bei uns die Blätter der Dionaea sich zu langsam schliessen sollen, als dass sie Insecten fangen könnten; und dass nur junge Blätter reizbar seien, erwachsene dagegen unter einem Winkel von 45—60° geöffnet verharren sollen.

wird" (a. a. O. S. 550). Dass die gefangenen Insecten der Pflanze irgendwie zur Nahrung dienen sollen, ist Meyen sehr unwahrscheinlich.

Nach einer Pause von 30 Jahren erschien ein Aufsatz von W. M. Canby (16), in dem die Vermuthungen Ellis' und Curtis', dass die Fliegenfalle gefangene Thiere verdaue, zuerst experimentell bestätigt wurden. Canby fand, dass „das Blatt, wenn es gesund und seine Beute eine angemessene, eine vielleicht dem Magensaft der Thiere vergleichbare Flüssigkeit abscheide, die das Insect auflöst und zur Aufsaugung durch das Blatt zubereitet." Er machte im Juni und Juli 1868 Versuche mit Stückchen von rohem Fleisch und von Käse, die er auf die Blätter brachte, so dass sie sich schlossen, und beobachtete, dass von der Oberseite der Blätter reichlich ein Saft secernirt wurde, der das Fleisch löste, und dann vom Blatt resorbirt wurde. Er bemerkte dabei, dass die Blatthälften sich so fest an einander schlossen, dass man die Gestalt des innen befindlichen Fleischstücks schon von aussen erkennen konnte. Er fand ferner, dass Käse eine verderbliche Wirkung auf die Blätter ausübt, indem er sie erst schwarz färbt und dann tödtet. Auch die Thatsache, dass mit jedem Fange von Insecten die Reizbarkeit der Blätter abnimmt, und dass dieselben zuletzt sich gar nicht mehr schliessen, wenn ein Thierchen über sie hinkriecht, wurde schon von Canby constatirt.

Ein neues Kapitel in der Kenntniss der Dionaea wurde durch die Untersuchungen Burdon Sanderson's (17) begonnen, der das Vorhandensein eines elektrischen Stromes in der Blattspreite von der Basis zur Spitze nachwies und ferner zeigte, dass, wenn das Blatt gereizt wird und sich in Folge dessen schliesst, eine negative Schwankung auftritt, analog der negativen Schwankung beim Zucken eines Muskels.[1])

Die beiden Veröffentlichungen, welche noch zwischen die ebenerwähnte Arbeit und Darwin's umfassendes Werk

1) Da an diese Arbeit die Untersuchungen des Hrn. Prof. Munk sich anschliessen, so ist es nicht nöthig, hier genauer auf dieselbe einzugehen.

fallen, sind eigentlich nur Vorläufer des letzteren. Es sind dies die Rede Burdon Sanderson's (18) vom Juni und die Rede Hooker's (1) zu Belfast vom August 1874. Erstere enthält einige der von Darwin über die Verdauung von Dionaea erlangten Resultate, die dieser Burdon Sanderson mitgetheilt hatte. Hooker's Rede ist vorwiegend historisch; sie theilt die Geschichte der auf den Fang und die Verdauung von Insecten bezüglichen Beobachtungen an Drosera, Dionaea, Sarracenia, Darlingtonia und Nepenthes mit und giebt von den letzten drei Pflanzengattungen auch Beschreibungen der die Fangapparate bildenden Gewebe. An Nepenthes hat Hooker Verdauungsversuche angestellt und gefunden, dass die Secretion bei Gegenwart von Fleisch, Eiweiss u. dergl. zunimmt, und dass der abgeschiedene Saft stark verdauende Eigenschaften besitzt.

In Darwin's Buch (19) ist der Dionaea das 13. Kapitel gewidmet. Darwin bemerkt zunächst, dass die Venusfliegenfalle nur wenige und verhältnissmässig kleine Wurzeln besitze, die jedenfalls, wie die der Drosera, nur zur Aufnahme von Wasser dienen (S. 286)[1]. Von den Drüsen der Blattspreiten-Oberseite, deren Vertheilung und Färbung er richtig angiebt, sagt er, dass sie aus 20—30 Zellen bestehen, und dass ihre Oberfläche convex sei (von der Seite gesehen gewähren sie auch diesen Anschein). Darwin stellt zuerst fest, dass die Drüsen absorptionsfähig sind und nur nach einem vorangegangenen Reiz secerniren, und dass als Reiz nur die Absorption stickstoffhaltiger Substanzen wirkt (S. 295—96). Von den achtstrahligen Sternhaaren wird ein sparsames Vorkommen auch auf der Oberseite der Lamina angegeben (S. 288) (ich habe dort nie welche gesehen). Der Bau der sensiblen Haare wird ganz zutreffend geschildert, die Abwesenheit jedes Gefässbündels in denselben zuerst constatirt und schliesslich die Meinung aufgestellt, dass die Gliederung der Haare nahe ihrer Basis das Abbrechen derselben beim Zuklappen des Blatts verhindere (S. 288). (Als „Gelenk“ ist die erwähnte Gliederung nicht auf

1) Hierauf wird noch Bezug genommen werden.

zufassen, und dann kreuzen sich die sensiblen Haare beim Schliessen eines Blatts höchstens mit ihren Spitzen, berühren aber wohl nie die gegenüberliegende Blatthälfte. In den Zellen der sensiblen Haare hat Darwin einen Rotationsstrom, wie in den Tentakelzellen von Drosera, beobachtet (S. 291). (Mir ist diese Erscheinung entgangen.) Die Eigenthümlichkeit des zelligen Aufbaues der Lamina — ihre Zusammensetzung aus Schichten länglicher Zellen, deren Längsaxen senkrecht zur Blattmittelrippe stehen, und die von den beiden Epidermisschichten aus nach innen zu an Grösse zunehmen, während zugleich ihre Wandungen dünner werden — hebt Darwin richtig hervor (S. 316)[1]. Besonders erwähnt er noch die dicke Masse von Zellgewebe, welche den Raum zwischen dem Fibrovasalstrang und der Oberseite der Blattmittelrippe ausfüllt. Auch die Vertheilung der Gefässbündel, die Schleifenbildung derselben am Blattrande, das Abgehen dünner Stränge in die Randstacheln hat Darwin beobachtet (S. 313—14). Zur Fortleitung eines Reizes, der auf ein sensibles Haar ausgeübt worden, fand er das Fibrovasalsystem nicht nöthig (S. 314—15).

Die Medien und die äusseren Eindrücke, welche auf die sensiblen Haare als Reiz wirken, werden ausführlich besprochen; ebenso die Unterschiede zwischen den Veränderungen, welche die sensiblen Haare der Dionaea einerseits, die Drüsen der Drosera andererseits nach einem Reiz zeigen (S. 288—294). Die Oberfläche der Blätter ist kaum reizbar; nur das zwischen den sensiblen Haaren gelegene Dreieck scheint empfindlicher zu sein. Einschneiden oder tief eindringendes Kratzen der Blatthälften oder der Mittelrippe bringt Schliessung hervor (S. 294).

Die Secretion fand Darwin farblos, etwas schleimig und anscheinend saurer als die der Drosera (S. 296).

Ausser der schnellen Bewegung, welche die Blatthälften nach Berührung eines sensiblen Haares ausführen, wird durch die Absorption löslicher stickstoffhaltiger Substanzen (die man, entfernt von den sensiblen Haaren, auf die Oberseite der La-

1) Meyen's Arbeit war Darwin nicht bekannt.

mina gebracht hat) noch ein sehr langsames Zusammenklappen des Blatts bewirkt (S. 296—298). Eine dieser ganz analoge und auf dieselbe Ursache — die Absorption stickstoffhaltiger Substanz — zurückzuführende Bewegung tritt auf, wenn ein Blatt ein Insect gefangen hat, oder wenn man, mit Berührung der sensiblen Haare, ein Stückchen Fleisch oder dergl. in das Blatt gebracht hat. Nach einiger Zeit fangen alsdann die beiden Hälften des geschlossenen Blattes an sich fest aneinander zu pressen, so dass auf ihrer Aussenseite die Umrisse des eingeschlossenen Körpers hervortreten (S. 307—308), wie letzteres schon Canby beobachtet hat.

Wenn die Drüsen absorbirt haben, zeigt sich in ihren Zellen die von Darwin „Aggregation" (S. 38) genannte Erscheinung. Die sensiblen Haare zeigen die Aggregation nicht (S. 299—300; 290).

Die zuerst von Canby angestellten Verdauungsversuche hat Darwin in ausgedehnter Weise wiederholt (S. 301—304) und constatirt, dass hartgekochtes Eiweiss, halbgebratenes Fleisch und Gelatine von dem Secret der Dionaea verdaut werden. Das Secret mit den darin gelösten Bestandtheilen wird darauf von den Drüsen resorbirt. Fett- und Bindegewebe werden vom Secret nicht angegriffen, ebenso Käse und rein dargestelltes Caseïn; die beiden letztgenannten Substanzen rufen eine sehr reichliche Secretion hervor.

Chloroform, Schwefeläther und Cyanwasserstoffsäure wirken mehr oder weniger verderblich auf die Pflanze (S. 304—305).

Hat sich ein Blatt nach Berührung eines sensiblen Haares oder über einem anorganischen Körper geschlossen, so ist es nach durchschnittlich zwei Tagen wieder vollkommen geöffnet und ist, noch ehe es seine ursprüngliche Stellung wieder eingenommen hat, fähig, sich nach erneutem Reiz wieder zu schliessen (S. 306—307). Hat sich dagegen ein Blatt über einem Insect, einem Stückchen Fleisch, Eiweiss oder dergl. geschlossen, so öffnet es sich erst nach mehr als einer Woche wieder, ist dann mehr oder weniger „torpid", für Reize unempfänglich, und überhaupt nicht mehr oder erst nach längerer

Zeit wieder fähig, einen neuen Fang zu thun. Nicht gerade selten bleiben die Blätter über ihrer ersten Beute für immer geschlossen und welken nach längerer Zeit (S. 309—310). Im Vaterlande der Dionaea scheinen die Folgen eines Fanges weniger angreifend zu sein (S. 311; vergl. Canby a. a. O.).

Der Hauptsitz der Bewegung ist nach Darwin die Zellmasse, welche oberhalb des Gefässbündels der Blattmittelrippe sich befindet (S. 305—306; S. 317); doch ist die Bewegung nicht auf sie beschränkt, sondern auch die beiden Blattflügel haben Theil an derselben (S. 305—306). Und zwar bemerkt Darwin, dass die unteren Schichten der Blattspreite stets in einem Spannungszustande zu sein scheinen, und „that it is owing to this mechanical state, aided probably by fresh fluid being attracted into the cells, that the lobes begin to separate or expand as soon as the contraction of the upper surface diminishes“ (S. 319).

Literatur.

1. Report of the Meeting of the British Association at Belfast, 1874.
2. Nature, Vol. X. 1874. No. 253, p. 366.
3. Gardener's Chronicle, 1874, Aug. 29, p. 260—61.
4. Nova Acta Regiae Societatis Scientiarum Upsaliensis. Vol. I. Upsaliae 1773, p. 98—101.
5. John Ellis, Directions for bringing over seeds and plants from the East Indies etc. to which is added the figure and botanical description of Dionaea muscipula. London 1770.
6. Joh. Ellis De Dionaea muscipula planta irritabili nuper detecta etc. Aus dem Englischen übersetzt und herausgegeben von D. J. C. D. Schreber. Erlangen 1771. — Zweite Auflage 1780 (Erlangen).
7. Observations sur la Physique, sur l'histoire naturelle et sur les arts etc. par Mr. l'abbé Rozier. Tome X. Paris 1777, p. 18—21.
8. Car. a. Linné. Mantissa plantarum altera. Holmiae 1771. p. 238.
9. Histoire de l'Académie royale des sciences. Année 1784. Paris 1787, p. 601—621.
10. Botanic Garden, Part II. p. 15.
11. Curtis' Botanical Magazine, Vol. XX. 1804, p. 785.
12. Boston Journal of Natural History, Vol. I. 1834, p. 123—125.

Auszüge hieraus in: W. J. Hooker, Companion to the Botanical Magazine etc. Vol. II. London 1836, p. 5. — F. J. F. Meyen, Jahresbericht über die Resultate der Arbeiten im Felde der physiologischen Botanik von dem J. 1837, Berlin 1838, S. 158. — Wörtlich angeführt ist die ganze das Blatt und seine Fangart schildernde Beschreibung von Curtis in: Gray and Sprague, Genera florae Americae boreali-orientalis illustrata, Vol. I. Boston 1848, p. 195.

13. Horticulteur Belge, T. II. 1834, p. 71.
14. F. J. F. Meyen, Neues System der Pflanzenphysiologie, Band III. Berlin 1839, S. 543—550.
15. Natuurkundige Verhandelingen van de Hollandsche Maatschappij der Wetenschappen te Harlem, 22. Deel, Harlem 1835, p. 283.
16. Meehan's Gardener's Monthly, 1868, p. 229—31. Oesterreichische Botanische Zeitung, 1869, S. 77—81.
17. Report of the British Association, 1873, p. 133. Proceedings of the Royal Society, Vol. XXI. No. 147, p. 495. Letztere Publication ist unverkürzt wiedergegeben im Centralblatt für die medicinischen Wissenschaften, 1873, No. 53, und daraus abgedruckt in der Botanischen Zeitung 1874 (XXXII. Jahrg.), S. 6—8.
18. Nature, Vol. X. No. 241, June 1874, p. 105 etc.
19. Ch. Darwin, Insectivorous Plants, London 1875. p. 286—320.

Untersuchung.

Die Venusfliegenfalle ist eine perennirende Pflanze. Sie besitzt einen kriechenden Stengel, dessen Vegetationsspitze die Tendenz hat, nach unten zu wachsen, wie dies in Fig. 1 angedeutet ist. Man kann aus dieser Art des Wachsthums schliessen, dass Dionaea im wilden Zustande an abhängigen Stellen vorkommt, an denen sie im Laufe der Vegetationsperioden schrittweise von ihrem ursprünglichen Standorte nach unten fortrückt. Diese Ansicht wird durch die Angabe Canby's (Oesterr. bot. Zeitschr. 1869, S. 78), dass sie in ihrer Heimath (der Umgegend von Wilmington, Nord-Carolina) in feuchtem, fettem Boden am Rande der Brüche und Moorgründe wachse, bestätigt; eine Sumpfpflanze, wie Drosera rotundifolia, ist Dionaea nicht.

An der Axe stehen nach Hrn. Prof. A. Braun's Beobachtungen die Blätter ungefähr in $^3/_8$ Stellung. Die Spirale wird nämlich dadurch, dass der Stengel mit seiner Unterseite dem Boden dicht anliegt, und die Blätter sich einseitig nach oben krümmen, etwas unregelmässig. — Die Blätter sind an ihrer Insertionsstelle öhrchenartig erweitert, und zwar je nach ihrer Einfügungsstelle am Stengel verschieden. Die, welche auf der Mittellinie der cylindrischen Axe stehen, haben Oehrchen, welche beiderseits symmetrisch, gleich gross entwickelt sind (Fig. 1A, a); je weiter aber die Insertionsstellen sich von der Mittellinie entfernen und eine seitliche Stellung einnehmen, desto einseitiger entwickeln sich die Oehrchen (Fig. 1A, b).

Unmittelbar hinter jedem Blatt entspringt eine Wurzel, die eine Länge von 10—15 Cm. erreicht, unverzweigt und etwas fleischig ist. Nur hinter den Blättern, die auf der Mediane des Stengels inserirt sind, entspringt keine Wurzel.

Während einer Vegetationsperiode, die bei den Pflanzen des Berliner Universitätsgartens Ende Februar oder Anfang März beginnt, und bis Ende October dauert, scheint ein kräftiges Individuum 20—25 Blätter zu entwickeln.

Die Internodien sind äusserst kurz, so dass die Oehrchen, welche der Axe dicht anliegen und etwas übereinandergreifen, derselben eine flüchtige Aehnlichkeit mit einer schuppigen Zwiebel, aus der unten zahlreiche Wurzeln entspringen, verleihen. In der Schreber'schen Uebersetzung des Briefes von Ellis an Linné heisst es S. 14: „Die Wurzeln sind schuppig, und haben nur wenige Zasern, wie an einigen Zwiebelgewächsen.“ Ch. Morren nennt in seinem Aufsatz über die Dionaea die „Wurzel“ „écailleuse comme le bulbe d'un lis“, und Darwin spricht von einem „bulbous enlargement“ (p. 286).

Der schon sehr frühzeitig angelegte Blüthenschaft (er war bei Exemplaren, die am 15. Mai 1875 blühten, am 17. März schon 2—2·5 Cm. lang) scheint terminal zu sein, und der die Hauptaxe fortsetzende Spross scheint aus der Achsel des obersten Laubblattes zu entspringen. Axillarknospen sind überhaupt an der Dionaea, wie an Drosera, nichts Seltenes.

Nach der Blüthe stirbt die Hauptaxe an ihrem hinteren Ende allmählich mehr und mehr ab, so dass zu Anfang des Winters nur noch die Spitze der Vegetationsaxe — ganz analog dem Verhalten von Drosera — vorhanden ist. Im Berliner Universitätsgarten tritt jedoch keine eigentliche Winterruhe ein; die im Hause stehenden Pflanzen entwickeln auch während des Winters Blätter, die indess sehr klein bleiben.

Wie Drosera bildet auch Dionaea leicht Adventivknospen. Eine eigenthümliche, den Gärtnern schon lange bekannte Vermehrungsart der Venusfliegenfalle besteht darin, dass man den Blüthenschaft vor Beginn des Aufblühens abschneidet und einpflanzt; es bilden sich dann dicht unter den untersten Tragblättern der Blüthen Wurzeln, und eine neue Pflanze wächst empor.

Das Blatt der Dionaea muscipula zerfällt seinen äusseren Umrissen nach in drei Abschnitte: den geflügelten Blattstiel, den ungeflügelten Theil desselben, welcher als Zwischenglied bezeichnet werden soll, und die Blattspreite.

Die Länge der erwachsenen Blätter, den Blattstiel mit eingeschlossen, schwankt zwischen 2·2—12·0 Cm. und beträgt meist 5·1—7·0 Cm. Die auffallende Länge von 12 Cm. wurde nur an einigen Stöcken beobachtet, die Hr. Prof. Munk im Frühjahr 1875 aus dem Institut von Veitch u. Co. in London jung bezogen hatte. Diese Exemplare wichen schon im Habitus wesentlich von den sonst in unseren Gärten sich findenden Pflanzen und auch von allen mir bekannt gewordenen Abbildungen ab, indem die Blattstiele, statt dem Substrat mehr oder weniger anzuliegen, sich in ziemlich spitzen Winkeln (von ungefähr 70—75°) von demselben erhoben (Fig. 1, a, b) und die Lamina frei in der Luft trugen. Die Blattspreite dieser Pflanzen zeigte in der Grösse keine Besonderheiten, wohl aber in der Gestalt (s. u.). Der Blattstiel dagegen zeigte in Länge und Breite bedeutende Abweichungen der Art, dass gegenüber der sonstigen Länge von 1·2—3·72 Cm. und der sonstigen Breite von 0·4—1·5 Cm. die Blattstiele der Veitch'schen Pflanzen 6·75—9 Cm. lang und 0·75—1·2 Cm. breit waren. Ausser diesen Pflanzen ist mir nur noch ein getrocknetes Exemplar vorgekommen, welches die eben erwähnten Eigenthümlichkeiten des Blattstiels und der Lamina zeigt. Dasselbe befindet sich im Generalherbar des Kgl. botanischen Museums zu Berlin und stammt ebenfalls aus einem englischen Garten, wie die Etiquette „Dionaea muscipula L, Hort. Kennedyan. 1816, Herb. Willdenow“ angiebt.

Der Blattstiel ist geflügelt, von eiförmigem bis langkeilförmigem Umriss. Seine breiteste Stelle liegt im obersten Viertel seiner Länge, wenig unterhalb des Zwischenglieds. Die Flügel sind meist ganzrandig; mitunter treten an der breitesten Stelle des Stiels 3—6 kleine Zähne auf, oder der ganze Blattrand der oberen Hälfte ist feingezähnelt (Fig. 1, c, e). Der Petiolus wird seiner ganzen Länge nach von einer starken Mittelrippe durchzogen, die auf der Unterseite sich bedeutend über die Blattstielfläche hervorwölbt. Ungefähr im Centrum der Mittelrippe, etwas nach oben gerückt, liegt das grosse Gefässbündel, das Stengel und Blatt durchläuft. Der Querschnitt desselben ist fast kreisrund. Es wird von einer Strangscheide umgeben, welche an der Ober- und der Unterseite des Fibrovasalstrangs 3—4, an den Seiten 1, höchstens 2 Zellen stark ist. Dieselbe besteht aus länglichen, cylindrischen Zellen mit gelblichen, stark verdickten Wänden; ihre Zellen enthalten, besonders in jüngeren Blättern, zahlreiche Stärkekörner, die genau die Gestalt der in der Epidermis der Blattoberseite sich findenden Stärkekörner zeigen.

Der von der Strangscheide gebildete Hohlcylinder wird ungefähr zur Hälfte vom Xylem, zur Hälfte vom Phloëm eingenommen. Letzteres ist der Unterseite, ersteres der Oberseite des Stengels zu gelegen. Das Xylem zeigt an der Stelle seiner stärksten Entwickelung auf dem Querschnitt ungefähr 40—45, meist sehr weite Spiral- und Tüpfelgefässe mit stark verdickten Wandungen, und zwischen diesen in geringerer Anzahl bedeutend engere Zellenzüge verlaufend. Man kann an den Xylemzellwänden hauptsächlich zwei Verdickungsformen unterscheiden: Spiral- und Tüpfelverdickung. Die der Oberseite zunächst liegenden Theile des Xylems bestehen aus Spiralgefässen, von denen die engeren eine einfache, abrollbare, die weiteren eine doppelte Verdickungsspirale zeigen. Einzelne enge Gefässe mit sehr lockerer Spirale treten auch an der Grenze des Xylems gegen das Phloëm hin auf. Einige der weitesten Gefässe, in der Mitte des Xylems gelegen, zeigen eine Form der Verdickung, die den Uebergang von der spiraligen zur gitter- oder netzförmigen Verdickung macht, d. h. an ihnen finden sich schon Strecken der Zellwand, die ringsum von Verdickungsleisten umgeben sind. Die meisten Zellen des Xylems zeigen Tüpfelverdickung. Man findet zunächst gestreckte Zellen mit mehreren parallel ihren Längsaxen verlaufenden Reihen kleiner Tüpfel; diese Zellen (Trachëiden) greifen mit allmählich sich verjüngenden Spitzen prosenchymatisch in einander. Dann kommen ähnliche Zellen vor, die länger und weiter sind, und deren meist schief gestellte Querwände durch ein grosses rundes oder ovales Loch durchbohrt sind. Noch andere, sehr lange Zellen haben grössere, strichförmige Tüpfel, die eine mehr oder weniger spiralige Anordnung erkennen lassen. Uebrigens verlaufen zwischen den verschiedenartig verdickten Zellen noch einzelne lange, schmale Zellenzüge ohne jede Verdickung. Das Phloëm besteht aus langen, weiteren oder engeren Siebröhren, zwischen denen zahlreiche, oft bündelartig zusammengehäufte, an beiden Enden sich zuspitzende Bastzellen verlaufen. Beide Zellformen haben verdickte Wände. In den Verzweigungen des Blattnervensystems verschwinden immer mehr und mehr von den beschriebenen Elementen des Fibrovasalstrangs, bis schliesslich in den letzten Ausläufern, z. B. in den Randborsten der Lamina, nur noch 2—3 Spiralgefässe, umgeben von langen, schmalen, dünnwandigen Zellen, übrig bleiben.

Was das Gewebe des Blattstiels betrifft, so kann als allgemeingültig vorausgeschickt werden, dass alle Zellen desselben länglich, meist sogar langgestreckt sind, und dass die längere Axe der Zellen der Mittelrippe des Blattstiels parallel läuft.

Die Epidermis der Oberseite besteht aus langgestreckten, cylindrischen Zellen mit etwas verdickten Wandungen und sehr kleinem Lumen. Die Längswände der Zellen sind auf den Blattstielflügeln meist wellig gebogen, während sie auf der Blattstielmittelrippe mehr geradlinig verlaufen. Die Querwände dagegen greifen tief buchtig in einander, so dass zickzackförmige Linien entstehen, die quer über das Blatt verlaufen. Die Zellen enthalten reichlich Chlorophyll. Zwischen ihnen entspringen, sowohl auf den Flügeln als auf der Mittelrippe, Sternhaare, die meist achtstrahlig sind. Die Stomata, welche sich auf der Oberseite ziemlich zahlreich finden, zeigen einen ovalen Umriss; ihre Spalte liegt in der Längsrichtung des Blattstiels.

Die Epidermis der Blattstiel-Unterseite (Fig. 2) zeigt im Allgemeinen dieselbe Beschaffenheit wie die der Oberseite; nur sind ihre Zellen schmaler, gestreckter und die Längswände derselben nicht so wellig. Besonders tritt dies auf der gewölbten Mittelrippe hervor, wo sogar die Spaltöffnungen häufig eine auffallend schmale, gestreckte Gestalt annehmen; ausserdem sind auf der Rippe die Wände der Epidermiszellen stärker verdickt als auf den Flügeln, und die Zellen selbst enthalten sehr wenig oder gar kein Chlorophyll. Die Mittelrippe erscheint auch heller gefärbt als die daranstossenden Flügel.

Auf die Epidermis folgen nach innen auf der Oberseite 3—4, auf der Unterseite 2—3 Schichten länglicher, cylindrischer Zellen, deren Lumen im Querschnitt ungefähr zwei- bis dreimal so gross wie das der Epidermiszellen erscheint. In den Blattstielflügeln enthalten diese Zellen, sowohl die der Unter- als der Oberseite, reichlich Chlorophyll, in der Mittelrippe dagegen findet man nur auf der Oberseite in allen Chlorophyll, während auf der Unterseite nur die der Epidermis benachbarte Zellschicht Chlorophyllkörner besitzt. Von diesen grünen Schichten aus erstrecken sich hier und da kleine Gruppen chlorophyllhaltiger Zellen nach dem Innern zu, besonders in der Nachbarschaft der Gefässbündel. Den noch übrigen Raum zwischen den beiderseitigen subepidermalen Schichten nehmen grosse, cylindrische bis prismatische, dünnwandige Zellen ein, die meist jedes geformten Inhalts entbehren oder nur wenige Stärkekörner enthalten. In der Blattstielmittelrippe bilden dieselben um den Fibrovasalstrang herum ein lockeres, in der Längsrichtung von vielen Intercellulargängen durchsetztes Gewebe; in den Blattstielflügeln sind die Zellen etwas kleiner, nach dem Rande zu nimmt ihre Zahl ab, bis sie in der Nähe desselben ganz verschwinden und der Querschnitt nur noch die kleinen, dicht mit Chlorophyllkörnern gefüllten Zellen zeigt. Auch in den Blattstielflügeln findet man zwischen den grossen Zellen zahlreiche Intercellulargänge.

Wie schon erwähnt, verläuft ungefähr im Centrum der Blattstielmittelrippe das Hauptgefässbündel. Neben ihm verläuft rechts und links je ein dünnerer Fibrovasalstrang (Fig. 3), ähnlich wie dies Nitschke[1]) für Drosera rotundifolia beschrieben und abgebildet hat (Dr. intermedia und anglica zeigen dasselbe). Während indess bei Drosera die drei Gefässbündel sich unterhalb der Mitte des Blattstiels vereinigen, verlaufen sie bei Dionaea durch den ganzen Blattstiel im Wesentlichen getrennt; nur communiciren die beiden lateralen Fibrovasalstränge durch 3—5 kurze Verbindungsstränge mit dem centralen Hauptbündel. Von jedem der lateralen Stränge geht eine Anzahl Gefässbündelschleifen aus, die, dem Umriss des Blattstiels folgend, von unten nach oben an Grösse zunehmen; die Scheitel der Schlingen sind nach oben gerichtet. An die erste Reihe der Schlingen setzt sich eine zweite und stellenweise eine dritte Reihe an; die äussersten, dem Rande am nächsten gelegenen Schlingen folgen dem Contour desselben ziemlich genau. Von diesem geschlossenen Maschenwerk, das etwas an die Nervatur der Lamina von Drosera erinnert, gehen indess nicht, wie bei letzterer, viele freie Nerven gegen den Rand hin ab; sondern höchstens tritt in die schon erwähnten Zähnchen je ein kleiner, frei endigender Nerv. Auch die meisten der feineren Nerven, welche sich innerhalb der grossen Maschen finden, laufen in die Fibrovasalstränge aus, welche die Maschen bilden.

Die drei centralen Gefässbündel durchlaufen noch getrennt das Zwischenglied und vereinigen sich im Blattgrund zu einem Strang. Das Zwischenglied weist genau den-

1) Bot. Zeit. 1861, S. 233, Tab. IX. Fig. 1. Auch in Darwin's Insectivorous Plants, London 1875, ist S. 247 die Nervatur des Blattes der Drosera rotundifolia abgebildet.

selben Bau auf, wie die Mittelrippe des Blattstiels, deren directe Fortsetzung es ist. Seine Epidermiszellen zeigen nur etwas verdicktere Wände als die der Blattstiel-Mittelrippe.

Die Blattspreite zeigt im Umriss einen Kreis, aus dem an zwei gegenüberliegenden Stellen je ein Sector entfernt ist. Beide Sectoren werden durch die Blattmittelrippe, als Durchmesser, halbirt; die Spitzen der Kreisausschnitte liegen also auf dem Durchmesser, ungefähr um $^1/_3$—$^1/_4$ der Radiuslänge von der Peripherie entfernt. Die Lamina zerfällt in zwei scharf getrennte Hälften, die sich, wie die Flügel des Blattstiels, an die auch hier stark nach unten hervorgewölbte Mittelrippe (Fig. 4) anschliessen.

Am Rande verlängert sich die Blattspreite in ziemlich gleichmässigen Zwischenräumen in borstenartige Fortsätze, deren Länge ungefähr $^1/_5$—$^1/_6$ von der Breite der Lamina beträgt. Am Ursprunge jedes Fortsatzes zeigt der Blattrand auf der Unterseite eine Anschwellung. Bei flüchtiger Betrachtung entsteht hierdurch der Anschein, als sei das Blatt am Rande von Ausschnitt zu Ausschnitt wulstig verdickt, während in Wirklichkeit die erwähnten Anschwellungen mit Thälern, die den Zwischenräumen zwischen je zwei Borsten entsprechen, abwechseln. Die Zahl der Randborsten beträgt an jeder Hälfte des Blatts 13—18. Beim Zuklappen des Blatts greifen die Randborsten alternirend in einander, wie die Finger beim Händefalten. Auf der Oberfläche jeder Blatthälfte bemerkt man meist 3 kleine Haare, von denen eins nahe der Mittelrippe, die beiden andern etwas mehr nach aussen stehen. Es kommen auch 4 und 2 Haare vor; letzterer Fall ist einmal von Darwin (Ins. Pl. p. 287) beobachtet. Sind vier Haare vorhanden, so stehen zwei der Mittelrippe näher. Diese Härchen, die eine Länge von 2—2·5 Mm. erreichen, sind der Hauptsitz der Reizbarkeit. Schon mit blossem Auge bemerkt man, dass die Oberseite der Lamina sehr viele erhabene Pünktchen aufweist. Mit dem Mikroskop erkennt man in ihnen kreisrunde, vielzellige Gebilde — Scheibendrüsen. Gegen den Blattrand hin werden sie seltener und fehlen schliesslich fast ganz. Auch auf der Mittelrippe stehen sie weniger dicht als auf den Blattflügeln. Die Mittelrippe der Blattspreite setzt nicht die Stielmittelrippe in derselben Ebene geradlinig fort, sondern setzt sich von dem Zwischenglied in einem Winkel von ungefähr 90° scharf ab. Sie bildet einen Bogen, dessen Scheitel ungefähr im Mittelpunkt des Blattes liegt; die gerade Verbindungslinie zwischen Blattgrund und Blattspitze ist die Sehne dieses Bogens. Die schon erwähnten aus Veitch's Institut stammenden Pflanzen wichen in der Beschaffenheit ihrer Lamina von den eben angegebenen Verhältnissen etwas ab; ihre Mittelrippe ist nicht so stark gewölbt, und die Ausschnitte an Blattgrund nnd Blattspitze sind flacher, so dass die Blatthälften einen mehr viereckigen Umriss zeigen.

Während die Flügel des Blattstiels aus einem weichen, schnell welkenden Gewebe bestehen, zeigen die Blattflügel eine knorpelartig spröde, saftige, resistente Beschaffenheit. Ober- und Unterseite der Blätter sind an jüngeren Exemplaren hellgrasgrün gefärbt. Erwachsene Blätter zeigen dagegen auf der Oberfläche ihrer Lamina eine tiefpurpurne Färbung, die nur die Mittelrippe und den Blattrand, aus dem die Randborsten entspringen, freilässt. Diese Färbung rührt von einem rothen Farbstoff her, der sich im Zellsaft der Epidermiszellen, der Scheibendrüsen und der sensiblen Haare bildet. Die Scheibendrüsen und die sensiblen Haare zeigen die rothe Färbung früher als die Epidermis und oft nur allein. Das Rothwerden der Blattoberseite scheint nur bei besonders günstigen Witterungsverhältnissen einzutreten; die Dionaeapflanzen des Berliner Universitätsgartens zeigten es im September und October 1874 in vollkommenster Weise; 1875 trat die rothe Färbung weniger allgemein und nur unvollkommen sich entwickelnd auf. Von den älteren Autoren werden blos die Drüsen als roth oder röthlich angegeben; nur die, sonst nicht fehlerlose Abbildung Hill's[1]), die schon erwähnte Abbildung von Ellis und die Abbildung von Curtis (s. o.) zeigen die Lamina purpurn gefärbt.

---

1) Hill, A decade of curious and elegant trees and plants, etc. London, 1773.

Während das Gewebe des Blattstiels im Allgemeinen aus Zellen besteht, deren Längsaxen parallel der Blattstielmittelrippe verlaufen, zeichnet sich das Gewebe der Lamina dadurch aus, dass die Längsaxen seiner Zellen senkrecht zur Mittelrippe stehen.

Die Mittelrippe selbst zeigt einen Bau, der von dem des entsprechenden Stengeltheils etwas abweicht, was besonders auf Längsschnitten hervortritt. Im Blattgrunde verläuft das Hauptgefässbündel ungefähr im Centrum der Mittelrippe, gegen die Blattspitze zu nähert es sich mehr und mehr der Unterseite, der es schliesslich bis auf $^1/_3$ des gesammten Dickendurchmessers nahekommt. An der Basis des Blatts zeigt der Fibrovasalstrang einen halbmond- oder nierenförmigen Querschnitt, gegen die Spitze des Blatts hin hat er die Tendenz, sich zu gabeln, doch tritt keine vollständige Trennung in zwei Stränge ein[1]). Von ihm laufen in ziemlich gleichmässigen Intervallen die Seitennerven aus, deren Zahl mit der der Randborsten ungefähr correspondirt. Die Seitennerven verlaufen etwas divergent bis in die Nähe des Blattrandes, wo sie ein zierliches Bogensystem, das ungefähr dem Blattumkreis folgt, bilden (Fig. 3). Die Zeichnung legt die Eigenthümlichkeiten der Blattnervatur ausreichend klar dar und macht eine weitere Beschreibung derselben überflüssig.

Den Raum zwischen dem Gefässbündel der Mittelrippe und der Blattoberseite, der seitlich durch die in die Blattflügel gehenden Nerven begrenzt wird, nehmen zwei ziemlich scharf unterschiedene Gewebeschichten ein. Zunächst der Mittelrippe finden sich rundliche Zellen, fast ohne jeden körnigen Inhalt; nur in der Nähe der Nerven enthalten sie etwas Chlorophyll, und die unmittelbar an das Gefässbündel stossenden zeigen sich mit Stärkekörnchen gefüllt. An der Basis des Blatts sind diese Zellen nur wenig entwickelt, nach der Spitze zu nehmen sie dagegen fast ein Drittel der Dicke der Rippe ein. Sie bilden ein lockeres, von Intercellularräumen durchzogenes Ge-

---

1) Meyen, Neues System der Pflanzenphysiologie, Bd. III. S. 543.

webe. Den übrigen Raum nimmt ein Zellenzug ein, dessen längliche Zellen senkrecht zur Oberfläche der Mittelrippe stehen, diese mit den erwähnten rundlichen Zellen verbindend. Auch diese Zellen, die im Querschnitt rundlich-polygonal erscheinen, sind fast ohne jeden geformten Inhalt; nur die in der Nähe der Seitennerven gelegenen und die unmittelbar an die Epidermis anstossenden Zellen enthalten Chlorophyll und Stärkekörnchen. Der übrige Theil der Mittelrippe, d. h. also die nach unten gelegene Partie, besteht, wie der entsprechende Theil im Blattstiel, aus langen, parallel dem Hauptgefässbündel verlaufenden Zellen, die gegen die Epidermis zu bedeutend kleiner werden. Es ist jedoch zu bemerken, dass am Scheitel des Bogens, den die Mittelrippe bildet, auch diese Zellen streckenweis eine zum Verlauf der Mittelrippe senkrechte Stellung annehmen. In den zwei bis drei zunächst unter der Epidermis gelegenen Zellschichten findet sich wiederum Chlorophyll, während die grossen, das Gefässbündel umgebenden Zellen frei davon sind.

Die Epidermis, welche die Unterseite der Blattmittelrippe bekleidet, ist die directe Fortsetzung der Zwischenglieds-Epidermis. Sie geht indess nicht bis zu den Ursprungsstellen der beiden Blattflügel heran, sondern sie reicht beiderseits nur bis zu dem Punkte, der ungefähr der Austrittsstelle der Seitennerven aus dem Hauptgefässbündel gegenüberliegt (Fig. 4, a). Hier trifft sie mit der Epidermis der Blattunterseite, deren lange schmale Zellen senkrecht zu der Mittelrippe stehen, zusammen (Fig. 4). Die Oberseite der Mittelrippe zeigt keine eigene Epidermis, sondern wird von der Epidermis der Blattoberseite bedeckt, welche hier einen beiderseits ziemlich scharf begrenzten, 6—8 Zellen breiten Streifen etwas verkürzter, breiterer Zellen bildet (Fig. 5, a, a).

Einen eigenthümlichen Bau besitzen die Blattflügel. Sie bestehen durchweg aus länglichen oder langgestreckten Zellen, deren Längsaxen parallel den Hauptsträngen der Seitennerven, und senkrecht zur Mittelrippe verlaufen.

Die Epidermis der Oberseite (Fig. 7) besteht aus Zellen, deren Grundform ein langgezogenes Sechseck ist, die jedoch durch gegenseitigen Druck häufig in verschiedener Weise zugerundet oder abgestumpft sind. Die Membran der Epidermiszellen ist stark verdickt, ganz besonders die der Oberfläche zugekehrte Partie; die Zellen enthalten viele Stärkekörner (Fig. 7 a), deren Gestalt und Gruppirung an die Stärkekörner von Smilax Sassaparilla erinnern. An ganz entwickelten Blättern ist ihr Zellsaft intensiv purpurn gefärbt. Zwischen den Epidermiszellen liegen etwas vertieft die Basalzellen der Scheibendrüsen, die, wenn die Scheibe entfernt ist, das Ansehen einer geschlossenen Spaltöffnung darbieten, deren Spalte parallel zu den Seitennerven liegt. Jeder zwischen zwei Randborsten liegende Theil der Epidermis theilt sich in geringer Entfernung vom Rande in zwei Partien, von denen jede sich auf die benachbarte Randborste fortsetzt; dort werden ihre Zellen noch länger und schmaler, zeigen viel weniger verdickte Wände und nehmen überhaupt fast ganz den Charakter der Epidermis der Blattunterseite an, mit der sie auf den Borsten zusammentreffen. Die Räume zwischen den Randborsten, wo die Epidermis der Blattoberseite mit der der Unterseite zusammentreffen müsste, werden von länglichen, parallel dem Blattrand verlaufenden, unregelmässig buchtigen Zellen bedeckt; zwischen ihnen liegen ziemlich zahlreiche Stomata (zwischen je zwei Borsten wurden auf der Oberseite 5—8 gezählt). Diese Spaltöffnungen sind von mehr rundlicher Gestalt als die der Blattunterseite; ihre Spalten liegen meist parallel der Mittelrippe. Diese Inseln abweichend gestalteter Epidermiszellen sind die einzigen Stellen, wo man auf der Blattoberseite Spaltöffnungen findet. Die Scheibendrüsen fehlen auf den Borsten ganz; dagegen finden sich sehr schön ausgebildet die schon bei der Beschreibung des Stengels erwähnten achttheiligen Sternhaare, die sonst nur auf der Unterseite der Blattspreite vorkommen.

Unter der Epidermis der Blattoberseite liegt eine Schicht etwas kürzerer Zellen (Fig. 6 und 9), die dünnwandig sind und sehr reichlich Chlorophyll enthalten. Es folgen dann ungefähr 2—3 Lagen grösserer, langer, cylindrischer Zellen, die ebenfalls dünnwandig, aber fast ganz ohne geformten Inhalt sind. Die innerste Schicht dieser Zellen stösst an die langen, schmalen Zellen, welche die Fibrovasalstränge in den Blattflügeln begleiten. Unterhalb des Gefässbündels liegen 2—3 Reihen Zellen von derselben Beschaffenheit wie die eben beschriebenen, dann 3—4 Schichten bedeutend schmalerer, kleinerer, chlorophyllreicher Zellen, und auf diese folgt schliesslich die Epidermis der Blattunterseite.

Diese untere Epidermis wird von sehr langen, schmalen, cylindrischen Zellen mit etwas verdickten Wandungen gebildet, die zwischen sich die ziemlich zahlreichen Spaltöffnungen und die Stielzellen der ungefähr in gleicher Anzahl wie die Stomata vorhandenen Sternhaare einschliessen. Die Spaltöffnungen sind etwas in die Länge gezogen; ihre Spalte liegt parallel den Seitennerven. Die Stielzellen der Sternhaare bieten meist das Ansehen eines rundlichen geschlossenen Stoma's dar, wie die der Scheibendrüsen, doch kommen auch, wenngleich nur selten, Sternhaare mit nur einer Stielzelle vor.

Alle Zellen der Blattspreite sind im Längsschnitt kreisförmig oder fast kreisförmig (Fig. 9) und lassen grosse, drei- oder viereckige Intercellularlücken zwischen sich, die, wie die Zellen selbst, parallel den Seitennerven verlaufen.

Die Anschwellungen an der Basis der Randstacheln sind durch stärkere Entwicklung der unteren Hälfte des Blattparenchyms gebildet. Letzteres besteht an diesen Stellen (Fig. 4) zunächst aus rundlichen Zellen, die unmittelbar an die Epidermis der Blattunterseite angrenzen. Von diesen Zellen erheben sich grössere, längliche Zellen, die in schräger Richtung von unten nach oben aufsteigen, parallel dem Fibrovasalstrang verlaufen, und immer schmaler und länger werdend, die Randborste bilden. In den Anschwellungen sind die grossen, inhaltslosen Zellen, welche im Blatt den Fibrovasalstrang umgeben, verschwunden; alle Zellen enthalten hier mehr oder weniger Chlorophyll. In den Räumen zwischen je zwei Borsten hören die langen chlorophyllosen Zellen ebenfalls in einiger Entfernung vom

Rande auf, statt ihrer finden sich rundliche, chlorophyllhaltige Zellen, die nicht mehr in Reihen geordnet sind und bis zum Rande den Raum ausfüllen. Die Epidermis der Ober- und die der Unterseite gehen nicht ganz an den Rand heran, zeigen aber bis zu ihrem Ende die charakteristischen Trichome (Scheibendrüsen oben, Sternhaare unten). Die Epidermis des Randes selbst, sowie je einer kleinen Strecke der Ober- und Unterseite wird durch die schon erwähnten buchtigen Zellen gebildet.

Die Randborsten bestehen aus sehr schmalen langen Zellen, deren Längsaxe die beiden andern um das 10—15fache übertrifft. Wie schon bemerkt, setzt sich die Epidermis des Blatts direct auf die Borsten fort; je weiter nach der Spitze der Borsten zu, desto mehr verschwindet jeder Unterschied zwischen Epidermis und Parenchym. Die Borsten besitzen weder Scheibendrüsen noch Stomata, wohl aber schön ausgebildete Sternhaare. In jeden Randfortsatz tritt ein stärkeres, aus 5—6 Spiralgefässen bestehendes Gefässbündel, das fast immer aus dem Bogen, der je zwei Seitennerven verbindet, entspringt (Fig. 3); es durchläuft die Borste fast bis zur Spitze, wo es, noch aus zwei Spiralgefässen bestehend, endet. Ausser diesem Fibrovasalstrang treten fast regelmässig noch aus dem feinen Nervennetz, welches seinen Ursprung aus den Verbindungsbögen der Seitennerven nimmt, zwei oder ein zarter Nerv in die Borsten; diese feinen Stränge verlieren sich indess bald.

An der Stelle, wo ein sensibles Haar entspringt, durchbricht das Blattparenchym die Epidermis der Blattoberseite (Fig. 4). Die der Epidermis zunächst liegenden Parenchymzellen sind hier kleiner, und bilden einen, aus 4—5 Etagen von polygonalen Zellen bestehenden, im Querschnitt kreisrunden Cylinder (Fig. 10 a), der sich über die Blattoberfläche erhebt und ungefähr $^1/_{10}$ der Gesammtlänge des Haares beträgt. Die Epidermis der Oberseite, welche in der Umgebung des sensiblen Haares aus kürzeren Zellen besteht, setzt sich auch auf die Basis desselben fort; ihre Zellen sind hier von gedrungenerer Gestalt und haben nur wenig verdickte Membranen. Auf den Cylinder ist ein schlanker, sich schnell verjüngender Kegel aufgesetzt, der in stark verkleinertem Maassstabe ganz das Aussehen einer Randborste darbietet, nur zeigt er keine Sternhaare und kein Gefässbündel. Die Basis dieses Kegels bildet einen ringförmigen Wulst, der etwas über den Basalcylinder hervorragt; die Zellen desselben färben sich zuerst und am intensivsten roth, so dass an einem ganz entwickelten Blatt die drei sensiblen Haare, von oben betrachtet, als drei dunkelpurpurne Punkte auf heller purpurnem Grunde erscheinen. Der Kegel besteht, wie die Randborsten, aus langen, schmalen, cylindrischen, nur wenige Körnchen enthaltenden Zellen, deren Protoplasma nach Darwin's Beobachtungen (Ins. Pl. p. 291) die Erscheinung der Rotation zeigt. Derselbe Forscher giebt an, dass die Spitze der sensiblen Haare mitunter zwei- oder sogar dreitheilig sei; diese Erscheinung, die auch an Pflanzen des Berliner Universitätsgartens gesehen wurde, kann durch grösseres oder geringeres Auseinanderweichen der sie bildenden Zellen (Fig. 10 b) leicht hervorgebracht sein.

Das Blatt der Dionaea besitzt, ausser den sensiblen Haaren, zweierlei Trichomgebilde: Sternhaare und Scheibendrüsen. Darwin giebt noch eine dritte Haarform an; er sagt (Ins. Pl. p. 288): „there are also a few very minute, simple, pointed hairs, about $\frac{7}{12000}$ (0·0148 Mm.) of an inch in length on the backs of the leaves"; allein es war mir nicht möglich, diese Gebilde aufzufinden.

Die Sternhaare finden sich auf beiden Seiten des Blattstiels, auf dem Zwischengliede, auf der Unterseite der Lamina und an den Randborsten. Auf der Oberseite der Lamina, wo Darwin einige wenige angiebt (Ins. Pl. p. 288), habe ich nie welche gesehen. Die Sternhaare bestehen zunächst aus zwei Stielzellen — sehr selten findet man nur eine — die etwas vertieft zwischen den umgebenden Epidermiszellen liegen. Von ihnen strahlen meist 8 (es wurden auch 4, 6, 7, 9 gezählt) längliche, platte, an den Spitzen stumpfliche Zellen aus (Fig. 11). Nicht immer treffen die Theilungswände derselben in einem Punkt zusammen, es kommen nicht allzu selten Fälle wie der in Fig. 11 a abgebildete vor. Die Sternhaare sind schon an sehr jungen Blättern, deren Lamina noch ganz eingerollt ist und noch keine Spur von Scheibendrüsen oder Randstacheln zeigt, zu vollkommener Grösse entwickelt. Zu dieser Zeit sind sie ganz farblos, und die mit Protoplasma gefüllten acht Zellen haben ein pralles, turgescentes Ansehen. An erwachsenen Blättern dagegen sind die Sternzellen mehr oder weniger gebräunt und sehen verwelkt aus, während die Scheibendrüsen dann sich am schönsten entwickelt zeigen. Die Sternhaare der Dionaea zeigen mit denen der Aldrovandia[1]) und der Drosera rotundifolia[2]) grosse Aehnlichkeit. Ob die Oberhautzelle, aus der das Sternhaar hervorgeht, auch so mannigfache Theilungen erfährt, wie Caspary dies für die Aldrovandia-Sternhaare beschrieben und abgebildet hat (a. a. O. Tab. IV, Fig. 17, 18, 19), konnte leider nicht festgestellt werden.

Die Scheibendrüsen (Fig. 12) finden sich nur auf der Oberfläche der Blattspreite, dort aber in sehr grosser Menge; nur der äusserste Blattrand ist frei von ihnen. Mit geringen Abweichungen sind die Scheibendrüsen der Dionaea genau so gebaut wie die Lupulindrüsen des Hopfens[3]). Im fertigen Zustande bestehen sie aus zwei kleinen Basalzellen (nach Rauter's Terminologie); diese (Fig. 12g, 1) tragen zwei längere Stielzellen (Fig. 12g, 2), welche, von oben gesehen, das Bild einer ovalen geschlossenen Spaltöffnung darbieten, deren Spalte parallel den Seitennerven liegt. Die Basalzellen liegen zwischen der subepidermalen, chlorophyllreichen Zellschicht (Fig. 9); die Stielzellen erreichen die Oberfläche des Blatts, ihre Oberfläche liegt aber in einer, von den sich wölbenden Epidermiszellen gebildeten Vertiefung. Den Stielzellen sitzt eine Scheibe auf, die, wenn die successiven Theilungen ihrer Mutterzelle ganz regelmässig erfolgt sind, aus 28 Zellen

1) Caspary in Bot. Zeit. 1859, S. 117 ff. Taf. IV, V.

2) Nitschke a. a. O.

3) Rauter, Zur Entwickelungsgeschichte einiger Trichomgebilde. Wien, 1871. Abgedr. aus d. XXXI. Bd. d. Denkschr. d. math. naturw. Kl. d. K. Akad. d. Wiss. S. 25, 26; Taf. VIII. Fig. 2—11.

besteht (Fig. 12 f). Sie bildet, wie die Zellscheibe der Lupulindrüsen, einen seichten Napf. Ein Secret findet man in den Drüsennäpfen nicht, dieselben secerniren nur, wenn sie mit löslichen stickstoffhaltigen Substanzen, Insectenleichen, Eiweiss, Gelatine oder dergl. in Berührung sind (Darwin). Die successiven Theilungen der Scheibenmutterzelle werden durch die Fig. 12 a—g dargestellt. Aber nicht immer theilen sich die acht zuerst gebildeten Randzellen in je zwei, wie es Fig. 12 e zeigt; zuweilen unterbleibt die Theilung in einer oder in mehreren Zellen (Fig. 12 h, i). In den zuletzt eintretenden Theilungen lässt sich keine bestimmte Regel mehr erkennen; die Zahl der Scheibenzellen beträgt höchstens 34—36.

Die Entwickelungsgeschichte der Blätter konnte der Kostbarkeit des Materials wegen nicht verfolgt werden. Eigenthümlich ist das Grössenverhältniss zwischen Petiolus und Lamina an den zuerst entstandenen und an den späteren Blättern eines Jahres. Die ersten Blätter zeigen nämlich einen Blattstiel, der schon seine vollkommene Grösse erreicht hat, wenn die Lamina noch auf einer sehr niedrigen Entwickelungsstufe sich befindet (Fig 1, d, e). Der Petiolus der ersten Blätter bleibt während der ganzen Lebensdauer derselben breiter als die Blattspreite, während bei allen späteren Blättern die Spreite den Blattstiel an Breite übertrifft. Dieser Unterschied zwischen den ersten und den späteren Blättern ist besonders an der gewöhnlichen Form der Dionaea hervortretend; die von Veitch stammenden Pflanzen haben dagegen erste Blätter, die den späteren Blättern der gewöhnlichen Form ähnlich sind. Die Blätter der Dionaea zeigen die Ptyxis involuta, wie Drosera. Die eingerollte Lamina ist gegen den ebenfalls eingekrümmten Blattstiel zurückgeschlagen wie die Klinge eines geschlossenen Taschenmessers (Fig. 1, g). Dann richtet die Blattspreite sich auf und nimmt, noch nicht sehr entwickelt, ihre definitive Stellung ein.

Das jüngste Blatt, welches untersucht wurde, besass eine Lamina von 1 Mm. Länge. Die Sternhaare waren an demselben bereits vollkommen entwickelt, die sensiblen Haare und die Scheibendrüsen fehlten noch. Das Blatt war sehr reich an Stärkekörnern. Ein Blatt, dessen Lamina 2 Mm. lang war, zeigte die sensiblen Haare schon als unverhältnissmässig grosse, stumpfwalzliche Kegel, an denen jedoch die Gliederung in der Nähe der Basis noch nicht zu erkennen war. Die Scheibendrüsen waren bereits als einfache Ausstülpungen der Epidermis vorhanden. An diesem Blatt wurden auch vollkommen entwickelte Stomata beobachtet, deren Schliesszellen reichlich Stärkekörner enthielten, wodurch sie sich von den stärkefreien Stielzellen der Sternhaare sofort unterschieden. Ein etwas älteres Blatt, dessen Blattspreite eine Länge von 4 Mm. besass, zeigte die Scheibendrüsen schon als mehrzellige Körper.

Zum Schluss habe ich meinen hochverehrten Lehrern Hrn. Prof. A. Braun und Hrn. Prof. L. Kny für die gütige Unterstützung, die sie mir bei dieser Arbeit zu Theil werden liessen, meinen herzlichsten Dank auszusprechen.

Erklärung der Abbildungen.

Fig. 1. Zeigt die Art des Einpflanzens, welche Hr. Prof. Munk anwenden liess, um die Blätter für physiologische Versuche zugänglicher zu machen. Die Abbildung zeigt Blätter verschiedener Stöcke und verschiedenen Alters. Die Blätter a und b gehören der mehrfach erwähnten Form, welche Veitch schickte, an, die übrigen (c—g) der gewöhnlichen Form. Die Blattflügel von a sind flach auseinandergelegt, um den Umriss der Lamina zu zeigen. ½ natürlicher Grösse.

Fig. 1 A. Schematische Darstellung der ungleichmässigen Ausbildung der Blattstielöhrchen.

Fig. 2. Epidermis der Unterseite des Blattstiels. Die Chlorophyllkörner in den Epidermiszellen sind nur zum Theil ausgeführt. Vergr. 240.

Fig. 3. Nervatur des Dionaeablattes, nach einem in Kalilauge gekochten Blatt gezeichnet. Die — halbe — Lamina ist flach zur Seite gelegt.

Fig. 4. Querschnitt durch die Mittelrippe und eine Hälfte der Lamina; schematisch.

Fig. 5. Epidermis der Oberseite der Blattmittelrippe (die zwischen a, a, a, a befindliche Strecke). Vergr. 80.

Fig. 6. Querschnitt durch die Lamina. Vergr. 160.

Fig. 7. Epidermis der Oberseite der Lamina; s, s die Stielzellen einer Scheibendrüse. Vergr. 240.

Fig. 7a. Stärkekörner aus denselben Epidermiszellen, stärker vergrössert.

Fig. 8. Epidermis der Unterseite der Lamina. Vergr. 240.

Fig. 9. Längsschnitt durch die Lamina. Vergr. 160.

Fig. 10a. Ansicht der Basis eines sensiblen Haars; bei W der hervortretende Wulst. Vergr. 240.

Fig. 10b. Spitze eines sensiblen Haars. Vergr. 240.

Fig. 11 und 11a. Sternhaare des Dionaeablatts. Vergr. 240 resp. 120.

Fig. 12 a—k. Scheibendrüsen des Dionaeablatts. a—g schematische Zeichnungen, die die successiven Theilungen, durch welche die Drüsenscheibe gebildet wird, veranschaulichen. g ist die Seitenansicht von e; 1, 1 sind die Basal-, 2, 2 die Stielzellen. h, i und k sind mit dem Prisma bei 240maliger Vergrösserung gezeichnet.

Die elektrischen und Bewegungs-Erscheinungen am Blatte der Dionaea muscipula.

Von

HERMANN MUNK.

Hierzu Taf. I. und Taf. III.

---

§. 1. Einleitung. Allgemeines über die Untersuchung.

Wenn Hrn. Darwin's Untersuchungen über die Insectenfressenden Pflanzen, sobald nur vor Jahren Einzelnes über sie verlautete, naturgemäss das allgemeine Interesse erregten, so musste für den engeren Kreis der Physiologen nicht minder anziehend sein die wundervolle Entdeckung, wie Hr. Darwin sie nennt, welche sich von Seiten des Hrn. Burdon Sanderson an jene Untersuchungen knüpfte. Die Dionaea muscipula, zu den Insectenfressenden Pflanzen gehörig, hat ein zweiflügeliges Blatt, das auf Reizung sich schliesst, indem die etwa halbkreisförmigen Flügel mit ihren Rändern sich an einander legen. Dieses Blatt fand Hr. Sanderson mit einer elektromotorischen Wirksamkeit ausgestattet, wie den Muskel; und wie bei der Contraction des Muskels dessen Strom die negative Schwankung erfährt, so sah Hr. Sanderson auch eine negative Schwankung des Stromes des Dionaea-Blattes eintreten, sobald das Blatt sich contrahirte. Ja sogar die Periode der latenten Reizung des Muskels und den Elektrotonus des Nerven gelang es Hrn. Sanderson am Dionaea-Blatte wiederzufinden, den letzteren, wenn der Blattstiel, der selbst umgekehrt elektromotorisch wirksam sich ergab wie das Blatt, von einem constanten Strome durchflossen oder gar nur einfach vom Blatte abgetrennt wurde[1]).

Mit Recht konnten Hr. Darwin[2]) und Hr. Hooker[3]) Hrn. Sanderson's Untersuchungen preisen, weil dieselben für die Thierähnlichkeit der ausgezeichneten Pflanzengruppe, kaum dass noch die Verdauungsfähigkeit erwiesen war, schon als neues Moment auch die Contractilität hinzufügten. Aber selbst aus jeder Verbindung mit der Verdauungsfähigkeit der Pflanzen gelöst, behielten Hrn. Sanderson's Erfahrungen des Bedeutungsvollen genug. Die Muskeln und die Nerven und allenfalls die Drüsen waren nun nicht mehr die einzigen Organismen, welche bei der Thätigkeit die negative Schwankung ihres Eigenstromes darboten, der Nerv stand nicht mehr allein da ausgezeichnet durch den Elektrotonus, sondern an diese thierischen Organismen reihte sich mit den gleichen elektrischen Veränderungen ein pflanzlicher Organismus an, dessen Bau, Ernährung und Function ganz anders geartet waren. Dieselben elektrischen Vorgänge liessen sich daher fortan unter weit differenten Verhältnissen studiren, und somit war eine neue Aussicht eröffnet für die Förderung bisher hartnäckig widerstrebender Probleme, der Fragen nach Wesen und Bedeutung der elektrischen Erscheinungen an Nerv und Muskel. Nicht mindere Hoffnungen knüpften sich in anderer Hinsicht an. Das Vorkommen von Contractilität bei den

---

1) Hr. Sanderson hat seine Untersuchungen an folgenden Stellen veröffentlicht:

1. Report of the XLIII. Meeting of the British Association at Bradford in September 1873. London 1874. Tr. of the Sect. p. 133;
2. Proceedings of the Royal Society. Vol. XXI. No. 147. November 20, 1873. p. 495—6;
3. Centralblatt für die medicin. Wissensch. 1873, No. 53 (23. November), S. 833—5;
4. Nature, Vol. 10, No. 241 and 242, p. 105—7 and 127—8; June 11 and 18, 1874.

Die drei ersten Mittheilungen geben eine kurze Uebersicht der Untersuchung; die letzte Mittheilung ist die ausführlichste und die Wiedergabe eines am 5. Juni 1874 in der Royal Institution gehaltenen Vortrages.

2) Insectivorous Plants. London 1875. p. 318.

3) Nature, Vol. 10, No. 253, p. 367; 3. Sept. 1874.

Pflanzen, so lange eifrig und mit Erfolg bestritten, war nunmehr unverkennbar mit gewichtigen Gründen gestützt. Auch für das Studium der Contraction bot sich also neben dem Muskel ein zweiter, ganz anders beschaffener Organismus dar, und wesentliche Fortschritte auch auf diesem dunkeln Gebiete liessen sich erwarten.

Diese Erwägungen und andere, welche die Präexistenz der elektrischen Erscheinungen an den Organismen betrafen, wandten meine Aufmerksamkeit sogleich im November 1873 dem Dionaea-Blatte zu; und Dank der Unterstützung, welche ich fand, konnte ich in den beiden letzten Jahren die Untersuchungen ausführen, deren Ergebnisse ich im Folgenden mittheile. Das Material für die Untersuchungen verschaffte mir die Güte des Hrn. Prof. A. Braun und die grosse Freundlichkeit unseres Universitätsgärtners, Hrn. Barleben, der mit einer nicht genug anzuerkennenden Bereitwilligkeit auf alle meine Intentionen einging. Der bei vielen Versuchen unumgänglichen Assistenz unterzog sich Hr. F. Kurtz mit ausnehmender Liebenswürdigkeit. Auch war Hr. Kurtz so freundlich, auf meinen Wunsch die anatomische Untersuchung des Blattes zu übernehmen, über welche derselbe im vorhergehenden Aufsatze berichtet hat. Ich fühle mich allen den genannten Herren zu ganz besonderem Danke verpflichtet.

Die Dionaeen, welche ich untersuchte, waren sämmtlich von Hrn. Barleben in Töpfen cultivirt, die verrottete Sphagnum-Erde, etwa zur Hälfte mit Sphagnum gemischt, enthielten. Vor dem Besuche von Insecten waren sie durch Glaskästen durchaus geschützt. Trotzdem gediehen sie prächtig und besonders im Jahre 1874 so vortrefflich, dass die Blätter in Grösse und Ausbildung keiner der vorhandenen Beschreibungen und Abbildungen nachstanden, ja manchmal dieselben noch übertrafen. Ihre Wurzeln waren recht gross und zahlreich: ich fand bei einer 15blätterigen Pflanze 15, bei einer 8blätterigen 8 ansehnliche, meist über 100 Mm. lange Wurzelfäden.

Im Jahre 1874 hatte Hr. Barleben aus den anfänglich vorhandenen 2 Dionaeen des hiesigen Universitätsgartens mit vielem Glücke 6 Pflanzen aufgezogen, so dass ich ca. 40 grosse und zum Theil ausgezeichnete Blätter für die Untersuchung verwenden konnte. Im Jahre 1875 standen mir, nachdem ich noch im Frühjahre aus England und aus Amerika Dionaeen erhalten hatte, 10 brauchbare Töpfe mit ca. 60 grossen Blättern zur Verfügung. Die amerikanischen Pflanzen waren von den hiesigen gar nicht zu unterscheiden, die englischen Exemplare aber boten Abweichungen nicht nur in der Gestalt des Blattstieles und des Blattes selbst, sondern auch durch das Aufsteigen des Blattstieles dar, wie es Hr. Kurtz bereits beschrieben hat. Soweit die folgenden Untersuchungen sich erstreckten, haben alle Pflanzen die gleichen Ergebnisse geliefert.

Hr. Sanderson hat die Blätter (mit ihren Stielen) immer abgeschnitten benutzt, und dies Verfahren bringt mehrfache Nachtheile mit sich. Das abgeschnittene Blatt ist doch immer nur ein überlebender, in seiner Ernährung gehemmter Organismus, dessen Beziehung zum normalen, unversehrten Blatte, dem eigentlichen Gegenstande der Untersuchung, erst einer besonderen Ermittelung bedarf. Jedermann weiss ferner, wie oft und immer wieder gerade die elektromotorischen Erscheinungen an den Organismen auf Grund der Schnittflächen der Organismen, ja selbst schon der schnittfreien Lostrennung derselben vom Gesammtorganismus verdächtigt worden sind. Dazu kommt, dass der Ausdehnung und der Wiederholung von Versuchsreihen an einem und demselben Blatte, sobald dasselbe abgetrennt, sehr enge Grenzen gesteckt sind. Endlich und vor Allem ist mit dem Abschneiden jedes Blattes das kostbare Versuchsmaterial verkürzt, das sich schwer oder gar nicht wiederersetzen lässt. Aller dieser Nachtheile wegen habe ich es als ein erstes Erforderniss ansehen müssen, das Abschneiden der Blätter entbehrlich zu machen, und es ist mir gelungen, die Forderung zu erfüllen.

Der Untersuchung der unversehrten Blätter am Topfe steht nur im Wege, dass die Blätter und besonders ihre blattartigen Stiele dicht bei einander mit ihren unteren Flächen der Topferde resp. dem Topfe selbst unmittelbar aufliegen, so dass die für die Untersuchung erforderliche Isolation und Zugänglichkeit des Blattes ohne Verletzung des Topfes nicht zu erreichen sind. Ich liess deshalb durch Hrn. Barleben das junge Pflänzchen jedesmal in einen kleinen Topf mit ausgeschlagenem Boden, den Bodenrand nach oben gerichtet, einsetzen, dann den kleinen Topf auf einen gleichfalls mit Sphagnum und verrotteter Sphagnum-Erde gefüllten grösseren Topf stellen und schliesslich die Füllung des letzteren Topfes bis zum oberen Rande des kleinen Topfes erhöhen (s. Fig. 1). Nun breiteten sich die Blattstiele und Blätter bei ihrer Entwickelung auf der den kleinen Topf umkleidenden Sphagnum-Hülle aus; und es war nur nöthig, an der Stelle des für die Untersuchung ausgewählten Blattes die Sphagnum-Hülle in einiger Ausdehnung zu entfernen, um das Blatt in der erforderlichen Weise isoliren und die Apparate bequem heranbringen zu können. Höchstens war noch durch passend in die Sphagnum-Hülle eingestossene Glasstäbe die Isolirung des Blattes von den Nachbarblättern zu unterstützen. Nach Abschluss der Prüfung des Blattes wurde das vorher entfernte Sphagnum wieder untergelegt, und der Topf stand später, unversehrt wie zuerst, für die weitere Untersuchung zur Verfügung.

Bei den hiesigen wie bei den amerikanischen Dionaeen habe ich das angezeigte Hülfsmittel unentbehrlich gefunden. Bei den englischen Exemplaren dürfte es nur nützlich sein, weil die mehr vom Boden sich abhebenden Blattstiele wohl auch ohnedies, wenngleich schwieriger, die Untersuchung der Blätter am Topfe zulassen würden. Die Möglichkeit der wiederholten Prüfung der unversehrten Blätter am unversehrten Topfe gewährt eine hohe Befriedigung, und ich habe dieses Verfahren vorzugsweise geübt. Das Abschneiden der Blätter lässt sich dann für die Versuche aufsparen, für welche es unumgänglich ist, und für den Spätherbst, wo die weitere Schonung der Blätter doch zwecklos wäre. Die mit dem Stiele abgeschnittenen Blätter habe ich nicht länger als während 30 Minuten zur Untersuchung brauchbar gefunden; aber innerhalb der ersten 15—20 Minuten unterschieden sie sich auch gar nicht merklich von den unversehrten Blättern am Topfe. Diese letzteren habe ich bis 30 Minuten lang frei an der Luft untersuchen können, ohne dass der Topf darunter Schaden nahm. Selbstverständlich musste durch ausgebreitetes feuchtes Fliesspapier, Alcarazza's u. dergl. für eine feuchte Atmosphäre in der Umgebung der geprüften Blätter gesorgt sein.

Zur Fixirung der abgeschnittenen Blätter habe ich mich mit Vortheil der kleinen Blattzwinge bedient, welche Fig. 13 zeigt. Die schräg schraffirten Theile sind von Hartgummi, die anderen von Messing hergestellt. Die Vorrichtung war am du Bois'schen allgemeinen Träger befestigt, und zwischen die verstellbaren schmalen Hartgummi-Platten wurde ohne Pressung das Zwischenglied (zwischen Blattstiel und Blatt) gebracht. Natürlich lässt sich die Vorrichtung auch zur Fixirung der Blätter am Topfe benutzen, man kommt dort aber in der Regel gut ohne dieselbe aus.

Nach diesen Vorbemerkungen kann ich zur Darlegung der Untersuchung übergehen. Ich schliesse mich bei derselben hinsichts der Bezeichnung der Blatt-Theile, -Seiten, -Ränder u. s. w. dem vorhergehenden Aufsatze des Hrn. Kurtz an, der überall den nöthigen Aufschluss gewähren wird. Nur zweierlei Bezeichnungen treten hinzu und bitte ich besonders beachten zu wollen. Ich nenne das Stielende des Blattes das vordere, das entgegengesetzte freie Ende (die Blattspitze) das hintere Ende des Blattes und spreche demgemäss von „vorn“ und „hinten“, „vorderem“ und „hinterem“ Blattrande u. s. w. Ferner nenne ich einen Strom oder eine Kraft, wenn sie im Blatte von vorn nach hinten gerichtet ist, aufsteigend, wenn sie die umgekehrte Richtung hat, absteigend. Ich verkenne nicht, dass gegen diese Bezeichnungen, besonders die letzteren, Manches einzuwenden ist; allein sie können nach der gegebenen Definition Dunkelheiten nicht mehr veranlassen, und sie werden mir zu häufig die wünschenswerthe Kürze des Ausdrucks gestatten, als dass ich sie sollte entbehren mögen.

§. 2. Von der Vertheilung der Spannungen an der Oberfläche des Dionaea-Blattes.

Hrn. Sanderson's Bemerkungen über die elektromotorische Wirkung des Dionaea-Blattes beschränken sich auf die folgende Angabe[1]: „Wenn die entgegengesetzten Enden eines lebenden Blattes von Dionaea mittelst nicht polarisirbarer Elektroden in metallische Verbindung gebracht werden und ein Thomson'sches Spiegelgalvanometer mit hohem Widerstande in den so gebildeten Kreis eingeschaltet wird, so ist eine Ablenkung bemerkbar, die einen von dem Stielende zu dem dem Stiele abgewendeten Ende des Blattes gerichteten Strom angiebt. Diesen Strom nenne ich den normalen Blattstrom[2]). . . Um (ihn) zu demonstriren, hat man nicht nöthig, irgend eine Schnittfläche den Elektroden auszusetzen.“ Und immer ist es sodann dieser selbe Strom, an welchem Hr. Sanderson die elektrotonischen Veränderungen und die negative Schwankung constatirt.

Die Richtung des Stromes im Blatte, nicht im Galvanometerdrahte, ist in den angeführten Worten gemeint, und Hrn. Sanderson's Angabe ist leicht zu bestätigen: man findet in der That regelmässig zwischen jenen Blattenden, nach unserer Bezeichnungsweise, einen aufsteigenden Strom. Aber damit ist nur ein erster Schritt zur Kenntniss der elektromotorischen Wirkungen des Dionaea-Blattes gethan, und wir wollen diese Wirkungen jetzt genauer verfolgen.

Meine Versuchsweise bot nichts Besonderes. Die Elektroden bildeten du Bois'sche Zuleitungsröhren mit Thonspitzen, deren Thon mit dreiviertelprocentiger Kochsalzlösung angeknetet und deren Gestalt dem jedesmaligen Bedürfnisse angepasst war[3]). Der Wiedemann'schen Bussole mit aperiodisch

1) Centralbl. S. 833—4; Proceed. p. 495; Nat. p. 128.

2) Diesen im Centralbl. ausgefallenen kurzen Satz („Diesen — Blattstrom“) ergänze ich nach dem sonst gleichen Texte der Proceed.

3) Hrn. Sanderson's Elektroden (Nat. p. 128) haben eine zu plumpe Form, als dass sie für die feinere Untersuchung des Blattes brauchbar wären; nach der Fig. 2 a. a. O. zu schliessen, war sogar

gemachtem[1]) Magnete war eine angemessene Empfindlichkeit ertheilt. Zur Messung der elektromotorischen Kraft diente die von du Bois-Reymond modificirte Poggendorff'sche Compensationsmethode.

Die Elektroden berühren zuerst immer und ausschliesslich die untere Blattfläche.

Gleich gelegene Punkte der beiden Blattflügel erweisen sich als gleichartig. Wirkliche Stromlosigkeit kommt allerdings nur selten vor; aber der zur Beobachtung kommende Strom ist immer nur sehr schwach, die Kraft nur sehr klein, und die Richtung ist eine ganz regellose, bei erneuter Anlagerung der einen Thonspitze häufig die umgekehrte wie zuvor. Da ferner schon ganz geringe Verschiebungen der einen oder der anderen Elektrode die vorhandene Richtung oft in die entgegengesetzte umschlagen machen, und da der Einfluss solcher Verschiebungen auf die Richtung nach den später zu entwickelnden Gesetzen sich gut vorhersagen lässt, so kann kein Zweifel sein, dass wir es mit einer unwirksamen Anordnung zu thun haben, die nur, wegen der Schwierigkeit der gleichen Einstellung an beiden Flügeln, selten sich streng herstellen lässt. Es ist also zu beiden Seiten der Mittelrippe Alles symmetrisch, und nur Ein Blattflügel mit der Mittelrippe bleibt weiter zu betrachten.

Denkt man sich die Mittelrippe der Länge nach in zwei ungleiche Theile zerfällt, einen kürzeren hinteren und einen längeren vorderen Theil, so ist in jedem dieser Theile jeder dem inneren Ende nähere Punkt positiv gegen jeden entfernteren Punkt. Der positivste Punkt der Mittelrippe liegt etwa am vorderen Ende ihres hintersten Drittels, und mit dem Wachsen des Abstandes von diesem Punkte nimmt die Positivität nach beiden Enden hin ab, so jedoch, dass sie bis zum vorderen Ende wesentlich weiter abnimmt, als bis zum hinte-

---

schon die Ableitung von den Blattenden eine recht grobe, viel zu ausgedehnte.

1) E. du Bois-Reymond, Monatsber. der Berl. Akad. 1873. S. 761 ff.

ren Ende. Bleibt die eine Thonspitze am vorderen Ende der Mittelrippe stehen, und verschiebt man die andere Thonspitze an der Mittelrippe nach hinten, so findet man immer eine aufsteigende Kraft: ihre Grösse wächst zuerst an und erreicht, wenn die wandernde Thonspitze am vorderen Ende des hintersten Drittels angelangt ist, ein Maximum, nimmt dann aber wieder ab, so dass sie nur noch ohngefähr die Hälfte des Maximums beträgt, wenn die wandernde Thonspitze an das hintere Ende der Mittelrippe gekommen ist. Hält man umgekehrt die eine Elektrode am hinteren Ende der Mittelrippe fest und verschiebt die andere Elektrode an der Mittelrippe nach vorn, so zeigt sich zuerst eine absteigende Kraft, welche, bis das vordere Ende des hintersten Drittels erreicht ist, wächst und darauf, bis das vordere Ende des zweiten Drittels erreicht ist, auf Null abnimmt; schliesslich aber tritt eine aufsteigende Kraft auf, die allmählich ohngefähr dieselbe Grösse gewinnt, welche vorher das Maximum der absteigenden Kraft besass. (1.—6. Fig. 14; 7. und 8. Fig. 15.)

Linien, welche man sich in der Fläche eines Blattflügels senkrecht auf die Mittelrippe gezogen denkt, wollen wir Querlinien des Blattes nennen. Jeder Punkt einer solchen Querlinie erweist sich negativ gegen den zugehörigen Punkt der Mittelrippe; und regelmässig nimmt die Negativität der Blatt-Punkte mit dem Wachsen des Abstandes von der Mittelrippe zuerst bis zu einem Maximum zu und dann bis zum äusseren Blattrande hin wieder ab. Der negativste Punkt der Querlinie fällt nie mit der Mitte der Linie zusammen, sondern befindet sich immer dem äusseren Blattrande näher als der Mittelrippe. An der mittelsten Querlinie ist der negativste Punkt nur wenig von der Mitte der Linie entfernt; aber diese Entfernung und die Annäherung an den äusseren Blattrand werden verhältnissmässig immer grösser, je mehr die Querlinie dem vorderen oder dem hinteren Blattrande nahekommt. Punkte derselben Querlinie, welche zu beiden Seiten des negativsten Punktes gelegen sind, erweisen sich bei gleichem Abstande von diesem Punkte ohngefähr gleichartig; bei ungleichem Abstande ist der vom negativsten Punkte entferntere Punkt positiv gegen den näheren Punkt. (9.—23. Fig. 14.)

Durch die Verbindung der negativsten Punkte aller Querlinien erhält man die (punktirte) Curve *aa* Fig. 15, welche der Mittelrippe nahezu parallel verläuft und die Haupt-Längslinie des Blattflügels heissen mag. Alle dieser Linie angehörigen Punkte ergeben sich als gleichartig: immer nur sehr schwache Ströme von unbestimmter Richtung kommen hier zur Beobachtung, gleichviel ob die beiden geprüften Punkte in der vorderen oder in der hinteren oder in beiden Hälften des Blattflügels sich befinden. Dasselbe Verhalten stellt sich dann auch für Punkte heraus, welche anderen der Mittelrippe parallelen Längslinien nach innen von der Haupt-Längslinie angehören (24.—27. Fig. 15). Nur in den der Mittelrippe nahen Längslinien scheint zwischen Punkten der hinteren Blattflügel-Hälfte eine schwache absteigende, zwischen Punkten der vorderen Blattflügel-Hälfte eine schwache aufsteigende Kraft zu bestehen; doch hat es mir hier nicht gelingen wollen, eine einfache Gesetzmässigkeit in den Spannungen regelmässig wiederzufinden.

Von den Mitten zweier Querlinien, welche beide in der vorderen oder beide in der hinteren Blattflügel-Hälfte sich befinden, ist regelmässig die dem vorderen resp. hinteren Blattrande nähere Mitte positiv gegen die entferntere Mitte; und es wächst die im ersteren Falle absteigende, im letzteren Falle aufsteigende Kraft mit der Spannweite des Bogens. Dasselbe ergiebt sich, wenn an die Stelle der Mitten der Querlinien solche Punkte der Querlinien treten, welche etwa um ein Drittel der Länge dieser Linien von der Mittelrippe entfernt sind. Beträgt aber der Abstand der geprüften Punkte der Querlinien von der Mittelrippe etwa drei Viertel oder mehr der Länge dieser Linien, oder sind die geprüften Punkte am äusseren Rande des Blattflügels gelegen, so ist umgekehrt immer der vom vorderen resp. hinteren Blattrande entferntere Punkt positiv gegen den näheren Punkt; die hier somit in der vorderen Blattflügel-Hälfte aufsteigende, in der hinteren absteigende Kraft wächst übrigens gleichfalls mit der Spannweite des Bogens. Gehören endlich solche Punkte, wie wir sie eben betrachteten, Querlinien an, welche die eine in der vorderen, die andere in der hinteren Blattflügel-Hälfte sich befinden, so stellt sich, bei gleichem Abstande der Querlinien von der mittelsten Querlinie des Blattflügels, bald dieser bald jener Punkt als positiv resp. negativ dar, und der Spannungsunterschied der beiden Punkte ist nur gering; dagegen ist bei wesentlich ungleichem Abstande der beiden Querlinien von der mittelsten Querlinie regelmässig der der letzteren Linie nähere Punkt in den inneren drei Vierteln des Blattflügels ansehnlich negativ, im äusseren Viertel des Blattflügels ansehnlich positiv gegen den entfernteren Punkt. (32.—37. Fig. 14; 28.—31. und 38.—44. Fig. 15.)

Man übersieht, die Haupt-Längslinie ist der Inbegriff der negativsten Punkte jedes Blattflügels, welchen als positivster Punkt des Blattes das vordere Ende des hintersten Drittels der Mittelrippe gegenübersteht. Und wie am ganzen Blatte zu beiden Seiten der Mittelrippe, so ist wiederum an jedem Blattflügel zu beiden Seiten der mittelsten Querlinie Alles symmetrisch. Die volle Symmetrie des Blattes in elektromotorischer Beziehung erscheint nur dadurch gestört, dass der positivste Punkt an der Mittelrippe über die Mitte derselben hinaus nach hinten gerückt ist.

Ich habe noch eine ganze Reihe anderer Prüfungen vorgenommen, indem ich immer einen einzelnen Punkt der Mittelrippe oder des Blattflügels nach einander mit den verschiedensten anderen Blatt-Punkten verband. Die Ergebnisse dieser Prüfungen boten aber nichts Bemerkenswerthes weiter dar, sondern bestätigten nur die angeführten Ermittelungen, nach welchen sie vorherzusagen gewesen wären. Ich darf mich deshalb auch damit begnügen, einige solche Prüfungen in den Figg. 14 und 15 vorzuführen (45.—48.).

Wir kennen also jetzt die Vertheilung der Spannungen an der unteren Blattfläche; denn ausschliesslich dieser Fläche waren, wie ich oben hervorhob, bisher die Elektroden angelegt. Ob die untersuchten Blätter offen waren oder geschlossen, darüber habe ich absichtlich noch Nichts gesagt, weil es sich als gleichgültig erwies. Aus leicht erklärlichen Gründen begann ich mit der Prüfung weit offener Blätter, an welchen die Blattflügel etwa einen rechten Winkel mit einander bildeten. Indem ich jedoch bald, in Rücksicht auf die Ausnutzung des Materials, mit der Bestimmung der elektromotorischen Oberfläche Reizversuche verband, musste ich öfters neben ganz geöffneten Blättern andere untersuchen, welche sich nach der Schliessung noch nicht völlig oder sogar erst zu einem kleinen Theile wieder geöffnet hatten; und auch an diesen Blättern fand ich die gleiche Vertheilung der Spannungen. Dieselbe Wahrnehmung machte ich weiter, als ich in den Kreis der Untersuchung auch kleine Blätter zog, welche überhaupt erst sich zu öffnen begonnen hatten, so dass der Winkel zwischen den Blattflügeln nur 20—30° betrug. Endlich prüfte ich noch ganz ausgewachsene, weit geöffnete Blätter ein erstes Mal vor der Reizung und ein zweites Mal, nachdem sie in Folge der Reizung sich geschlossen hatten: auch hier stellte sich die Vertheilung der Spannungen beide Male als die gleiche heraus. Es ist also die Vertheilung der Spannungen an der unteren Blattfläche unabhängig von dem Winkel, welchen die Blattflügel mit einander bilden.

Der Prüfung der oberen Blattfläche setzt deren Empfindlichkeit[1]) Schwierigkeiten in den Weg, jedoch nicht unüberwindliche. Natürlich benutzt man hier mit Vorliebe solche Blätter, welche recht weit offen sind. Auf die Musterung der Oberseite der Mittelrippe und der anstossenden Partien der Blattflügel muss man freilich auch dann verzichten, ebenso auf die Untersuchung der Stellen, an welchen sich die sensiblen Haare befinden; im Uebrigen aber gelingen die Prüfungen ganz gut, wenn man nur vorsichtig jede Bewegung[1]) der Haare vermeidet und die lang ausgezogenen, passend gekrümmten Thonspitzen recht behutsam, ja nicht rasch drückend aufsetzt. Man findet auf diese Weise, man mag zwei Punkte derselben Querlinie oder auch zwei Punkte verschiedener

1) S. unten §. 5.

Querlinien in demselben Blattflügel oder endlich zwei gleich gelegene Punkte der beiden Blattflügel verknüpfen, an der oberen Blattfläche Alles gerade so wieder, wie wir es an der unteren Blattfläche kennen gelernt haben: dieselben Richtungen der Kraft, dieselben relativen Grössen und Umkehrungen derselben, dieselbe Symmetrie, u. s. w. Und indem man bei dieser Sachlage gewiss berechtigt ist, von dem zugänglichen grösseren Theile der oberen Blattfläche auf den unzugänglichen kleineren Theil derselben zu schliessen, ergiebt sich also, dass an der oberen Blattfläche die gleiche Vertheilung der Spannungen herrscht, wie an der unteren Blattfläche.

Aber noch mehr. Setzt man die beiden Elektroden an derselben Stelle des Blattflügels oben und unten auf, berührt man also zwei gleich gelegene Punkte der beiden Blattflächen, so beobachtet man in den bestgelungenen Versuchen zwischen den beiden Punkten nur einen sehr schwachen Strom und eine nicht der Rede werthe Kraft, deren Richtung zudem das eine Mal den oberen, das andere Mal den unteren Punkt negativ gegen den zweiten Punkt erscheinen lässt. Sonst tritt in der Regel eine etwas grössere, aber immerhin nur unbedeutende Kraft auf, gleichfalls von wechselnder Richtung; und hier kann man in vielen Fällen sich durch den Augenschein davon überzeugen, dass die beiden Thonspitzen ein wenig gegen einander verschoben sind. Der Art der Verschiebung scheint dabei die bestehende Richtung der Kraft, gemäss unseren früheren Ermittelungen, zu entsprechen, wenn man sich die beiden Thonspitzen an derselben Blattfläche befindlich denkt; und manchmal gelingt es sogar, durch eine geringe Verrückung der einen Elektrode, so dass die entgegengesetzte Verschiebung eintritt, die vorhandene Richtung der Kraft in die umgekehrte umschlagen zu machen. Welche Stelle des Blattflügels man für den Versuch wählt, ist durchaus gleichgültig: überall findet sich der gleich gute Erfolg bei richtiger Einstellung der Elektroden. Man kann aber auch dem Versuche mit Hülfe einer dritten Elektrode noch eine eclatantere und übersichtlichere Gestalt geben. Zwei Elektroden werden oben und unten, so wie bisher, einander gerade gegenüber angelegt, irgendwo an dem Blattflügel, wir wählen die Punkte *O* und *U* in der Gegend der Haupt-Längslinie; mit der dritten Elektrode wird die untere Seite der Mittelrippe, am besten ein Punkt *M* hinter der Mitte derselben, berührt: alsdann werden nach einander immer je zwei der drei Elektroden verbunden — in beliebiger Reihenfolge. Es zeigt sich zwischen *O* und *M* stets eine beträchtliche Kraft von *O* nach *M*; zwischen *U* und *M* stets eine ebenso beträchtliche Kraft von *U* nach *M*, nur wenig grösser oder kleiner als die erste Kraft; endlich zwischen *O* und *U* stets eine unbedeutende Kraft, die nur einen kleinen Bruchtheil der vorigen beiden Kräfte ausmacht, gerichtet in den einen Versuchen von *O* nach *U*, in den anderen Versuchen von *U* nach *O*, nicht selten in Richtung und Grösse sehr gut entsprechend dem Unterschiede der beiden ersteren Kräfte. Es unterliegt also keinem Zweifel, dass, wenn zwischen gleich gelegenen Punkten der beiden Blattflächen überhaupt ein Spannungsunterschied besteht, derselbe jedenfalls nur höchst gering ist; so dass wir festhalten dürfen, dass auch die absolute Grösse der Spannungen an der oberen und an der unteren Blattfläche die gleiche ist.

§. 8. Von der Grösse der elektromotorischen Wirkungen des Dionaea-Blattes und von ihrer Abhängigkeit von verschiedenen Umständen.

Alle die vorgeschilderten elektromotorischen Wirkungen des Dionaea-Blattes sind aber an eine wesentliche Bedingung geknüpft, an das Leben des Blattes. Schon die S. 36 angeführten Worte von Hrn. Sanderson deuten an, dass der dort angezeigte Strom ausschliesslich dem lebenden Blatte zukommt: und dem ist nur beizustimmen. Bewahrt man abgeschnittene vollentwickelte Blätter in der feuchten Kammer bei einer Zimmertemperatur von ca. 25° C. auf, so sieht man deren elektromotorische Wirkungen mit der Zeit abnehmen, bis sie nach mehreren Stunden ganz verschwunden sind. Setzt man solche Blätter überdies der directen Einwirkung der Sonne aus, so dass sie rascher verwelken, so lassen dieselben schon nach kürzerer Zeit keine Spur mehr von Strömen wahrnehmen. Blätter, welche 1—2 Minuten lang in kochendem Wasser oder 10—15 Minuten lang in Wasserdämpfen von 70° C. verweilt haben, werden danach ganz stromlos gefunden. Auch gebräunte, am Topfe selbst abgestorbene Blätter erweisen sich durchaus unwirksam. Die elektromotorischen Wirkungen des Dionaea-Blattes sind also eine Lebenseigenschaft desselben und nehmen bei seinem allmählichen Absterben allmählich ab[1]). Die Reizbarkeit des Blattes überdauern sie einige Zeit; denn an den im feuchten Raume bei 25° C. aufbewahrten Blättern findet man die Reizbarkeit etwa nach 2 Stunden erloschen, so dass keinerlei Zerrung der sensiblen Haare, keinerlei Angriff des Blattes überhaupt die Schliessung des Blattes mehr herbeiführt: während Reste der ursprünglichen Ströme dann noch durch Stunden fortbestehen.

Wie nach den Erscheinungen am abgestorbenen Blatte zu erwarten, sind die elektromotorischen Wirkungen weiter abhängig von dem Ernährungszustande des Blattes, seiner Lebensfülle oder Lebensfähigkeit. Ich habe im Herbste 1874 dieselben prächtig ausgewachsenen Blätter an den Töpfen wiederholt der Prüfung unterzogen. Dabei ergaben sich zuerst im October sehr ansehnliche Wirkungen, und ich fand der Zeit die grössten Kräfte, welche mir überhaupt vorgekommen sind. Als aber Ende October und Anfangs November die Töpfe sichtlich zurückgegangen und die Blätter schlaffer

---

1) Ich habe öfters an Blättern, die abgeschnitten oder am Topfe dem Tode nahe waren, die Kräfte umgekehrt gerichtet gefunden, indem zwischen den beiden Enden der Mittelrippe eine absteigende Kraft bestand, Punkte der Haupt-Längslinie positiv waren gegen die zugehörigen Mittelrippen-Punkte u. s. w. Ob solche Umkehr der Kräfte vor dem Tode regelmässig eintritt, muss ich dahingestellt sein lassen, da ich die Frage nicht weiter verfolgt habe. Die in Rede stehenden Versuche über das Absterben ausgenommen, sind alle Erfahrungen, welche ich mittheile, an frischen und gesunden Blättern, welche die im §. 2 angegebene Vertheilung der Spannungen an der Oberfläche zeigten, gemacht.

geworden waren, hatten auch die Kräfte auffallend abgenommen.

Hierher gehören wohl auch noch zwei andere Erfahrungen, welche ich gemacht habe. Die Blätter unserer Pflanze entwickeln sich eines nach dem anderen und sind, bis die Pflanze gegen den Winter hin zurückgeht, ausgewachsen desto grösser, je später sie sich entwickelt haben. Ich habe nun an den kleineren Blättern, welche bereits im Juli ausgewachsen waren, ceteris paribus die Kraft durchweg geringer gefunden, als an den erst im October vollentwickelten Blättern. Andererseits haben mir zu jeder Zeit an einem und demselben Topfe die grösseren Blätter eine grössere Kraft geliefert als die kleineren Blätter, auch dann, wenn die ersteren bereits ausgewachsen und die letzteren noch im Wachsen begriffen waren. Ich meine, dass auch für diese Fälle die grössere Kraft der grösseren Lebensfülle entsprechen dürfte, da sichtlich die Blätter, je grösser, desto strotzender und üppiger entwickelt sind. Es bleibt jedoch zu bedenken, dass die elektromotorischen Wirkungen, ausser mit der Lebensfähigkeit, auch mit der Grösse des Blattes wachsen könnten.

Die absolute Grösse der Kräfte, welche am Dionaea-Blatte zur Beobachtung kommen, ist eine recht beträchtliche. Den Spannungsunterschied zwischen einem Punkte in der Gegend der Haupt-Längslinie und einem Punkte in der hinteren Hälfte der Mittelrippe = 0·04—0·05 Daniell zu finden, ist nichts Ungewöhnliches, und ich habe ihn mehrmals sogar 0·07 D. erreichen sehen. Zwischen anderen Punkten des Blattes ergaben sich kleinere Werthe, entsprechend der oben dargelegten Vertheilung der Spannungen. Bei der Ableitung von beiden Enden der Mittelrippe betrug die Kraft im Mittel 0·015 D.

§. 4. Von dem Sitze und der Anordnung der elektromotorischen Kräfte im Inneren des Dionaea-Blattes.

Woher stammen nun die elektromotorischen Wirkungen unseres Blattes?

Aeussere chemische Ungleichartigkeiten sind ihre Quelle

sicherlich nicht. Allenfalls nach Hrn. Sanderson's Mittheilungen, die blos den Strom zwischen den Blattenden kannten, hätte eine solche Vermuthung bestehen können; denn auch die Veränderungen, welche dieser Strom bei der Reizung des Blattes, bei dem Abschneiden des Blattstieles u. s. w. zeigte, wären noch mit ungleichartigen Secreten und ungleichzeitigen Secretionen, freilich willkürlich, zu erklären gewesen. Jetzt aber, nachdem wir die elektromotorische Oberfläche des Blattes kennen gelernt haben, kann von der Vermuthung nicht mehr die Rede sein. Schon die Spannungen einer einzelnen Blattfläche von äusseren Ungleichartigkeiten abzuleiten, könnte nur mittelst Häufung der abenteuerlichsten Hypothesen gelingen; und setzte man sich auch darüber hinweg, man scheiterte unbedingt bei der Vergleichung der oberen und der unteren Blattfläche. Nirgends eher war man berechtigt, äussere Ungleichartigkeiten im Spiele zu erwarten, als bei der Verknüpfung dieser beiden Flächen, die schon durch ihre Farbe und ihren Drüsen-Gehalt sich so auffällig unterscheiden; und doch hat sich nicht nur die Vertheilung der Spannungen, sondern auch deren absolute Grösse an beiden Flächen im Wesentlichen gleich herausgestellt. Mit aller nur wünschenswerthen Klarheit zeigt gerade dieses Ergebniss, dass, wenn äussere Ungleichartigkeiten am Blatte vorkommen, dieselben doch nicht weiter von Bedeutung sind und unsere Bestimmungen der elektromotorischen Oberfläche nicht merklich beeinflusst haben.

Die Ursache der elektromotorischen Wirkungen unseres Blattes müssen also elektromotorische Kräfte sein, welche im Inneren des Blattes ihren Sitz haben. Aber das Blatt ist ein recht zusammengesetztes Gebilde, und unter seinen verschiedenen anatomischen Bestandtheilen gilt es die wirksamen ausfindig zu machen und die Art ihrer Wirksamkeit kennen zu lernen. Was für den Zweck am nächsten liegt, das Blatt zu zerstückeln, das verspricht keinen Erfolg; denn einerseits würde die Isolirung der Theile zu unvollkommen ausfallen und würden die isolirten Theile die nöthige Prüfung kaum zulassen, andererseits würde auch der gewaltige Eingriff an sich Fehler setzen, welche schwerlich zu beherrschen wären. Es bleibt somit nur ein zweiter, viel umständlicherer Weg übrig, und diesen Weg wollen wir einschlagen. Bei einem elektromotorisch wirksamen Organismus ist die Voraussetzung berechtigt, dass, soweit die gleiche Organisation, soweit die gleiche Anordnung der elektromotorischen Kräfte besteht. Danach bietet sich der Möglichkeiten, wie die Kräfte in unserem Blatte vertheilt sein können, eine zwar grosse, doch begrenzte Anzahl dar, und die verschiedenen Vertheilungsweisen lassen sich durchgehen mit der Prüfung, ob sie die uns bekannte elektromotorische Oberfläche des Blattes liefern würden oder nicht. Sind die Dinge nicht zu verwickelt, ist die Sachlage nicht gar zu ungünstig, so kann es auf diese Weise gelingen, dem erstrebten Ziele nahe zu kommen.

(1.) Vorermittelungen.

Wir beginnen vortheilhaft mit einigen Voruntersuchungen.

Drei gleich grosse, rechteckige, mit den Flächen zusammengelöthete Platten, die beiden äusseren von Zink, die mittlere von Kupfer, seien in einem Troge überall gleichmässig von einer gleichartigen Flüssigkeit umgeben. Die Polarisation ausser Acht gelassen, stimmt diese schematische Vorrichtung hinsichts der elektromotorischen Oberfläche mehrfach mit unserem Blatte überein. Vergl. Fig. 16, welche die Vorrichtung bei *a* von der Fläche, bei *b* vom äusseren Rande gesehen darstellt[1]). Wir finden wieder die Symmetrie der oberen und der unteren Fläche, der vorderen und der hinteren Hälfte[2]), der rechten und der linken Hälfte; ferner in der Längsmittellinie (der Mittelrippe entsprechend) und an den seitlichen Rändern die Negativität der vorderen und der hinteren Punkte gegen die mittleren Punkte; endlich in den Querlinien die Positivität der Punkte in oder an der Längsmittellinie gegen die weiter nach aussen gelegenen Punkte. Aber daneben stossen wir doch auch sogleich auf

1) Bei dieser und allen folgenden Ansichten vom Rande ist das Zink durch Schraffirung ausgezeichnet.

2) Von der Unvollkommenheit der Symmetrie an der Mittelrippe des Blattes sehen wir vorläufig ab.

wesentliche Verschiedenheiten. Denn an der seitlichen Hälfte der Vorrichtung begegnen wir nicht auf dem Wege von innen nach aussen der Umkehr der Kraft, die wir am Blatte beobachteten, noch auch zeigt sich dort die Gleichartigkeit der einer mittleren Längslinie angehörigen Punkte oder die vorn absteigende, hinten aufsteigende Kraft zwischen den Mitten der Querlinien, wie wir sie am Blatte constatirten.

Ein Theil der Verschiedenheiten fällt fort, wenn zwei gleiche rechteckige Platten-Combinationen, deren äussere Platten von Kupfer, die mittlere von Zink, neben einander mit einer Lücke zwischen sich, sonst wie vorhin, in den Trog versenkt sind. Fig. 17 zeigt die neue Vorrichtung, bei *a* wiederum von der Fläche, bei *b* vom äusseren Rande gesehen. In der That, neben derselben Symmetrie wie zuvor, haben wir jetzt sowohl in den Querlinien selbst wie zwischen den Mitten dieser Linien dieselben Richtungen der Kraft, wie am Blatte. Aber dafür hat sich auch eine neue Abweichung eingefunden: in der Längsmittellinie und an den seitlichen Rändern sind die Endpunkte jetzt positiv gegen die mittleren Punkte, statt dass sie negativ sein sollten, wie bei der ersten Vorrichtung und wie am Blatte.

Bringen wir die beiden Vorrichtungen in ihrer Form dem Blatte näher, indem wir den Blechen wie den Trögen die Gestalt ertheilen, welche Fig. 16 *c* und Fig. 17 *c* vorführen, so bleibt Alles ebenso. Nur tritt jetzt, indem die Verbindungslinie der Mitten der Querlinien sich abgehoben hat von den mittleren Länglinien der seitlichen Hälfte, besonders deutlich die Verschiedenheit hervor, welche das Verhalten der letzteren Linien an beiden Vorrichtungen dem Blatte gegenüber darbietet.

Auch mannigfache weitere Modificationen der Vorrichtungen Fig. 16 *c* und Fig. 17 *c* ändern Nichts an den Ergebnissen. Die Bleche dürfen schrumpfen, so dass die von der Flüssigkeit erfüllten Räume an ihren Rändern gleichmässig wachsen. Statt jeder einzelnen Platten-Combination lassen sich mehrere gleiche Platten-Combinationen, mit Zwischenräumen, in der Höhe des Troges über einander symmetrisch anbringen. Man kann die grossen Bleche durch eine Anzahl sehr kleiner — gegen die Berührungsflächen des zur Prüfung angelegten unwirksamen Bogens verschwindender —, sonst den bisherigen gleicher Bleche von gleicher Grösse ersetzen, die man regelmässig, mit gleichen kleinen Zwischenräumen, in derselben Ebene neben einander anordnet; wo dann natürlich für die Vorrichtung Fig. 17 *c* die Lücke zwischen den beiderseitigen Gruppen von Blechen die übrigen Lücken an Grösse übertreffen muss. Man kann ferner in den Vorrichtungen Fig. 16 *c* und Fig. 17 *c* an die Stelle der dortigen Platten-Combinationen je zwei Plattenpaare von Kupfer und Zink treten lassen, bei der ersten Vorrichtung mit ihren Kupferseiten, bei der zweiten mit ihren Zinkseiten einander zugekehrt, in beliebigem Abstande über einander, nur symmetrisch angeordnet. Statt je zweier solcher Plattenpaare lassen sich auch gleichgliederige Säulen in der Höhe des Troges einander entgegenwirkend anbringen, und jede solche grosse Säule lässt sich wieder durch eine Anzahl sehr kleiner, regelmässig neben einander angeordneter Säulen ersetzen. Ja, man kann dann sogar die Säulenpaare, welche sich in der Breite der Vorrichtung neben einander befinden, von der Mitte nach den Seiten hin an Zahl der Glieder gleichmässig abnehmen lassen. Alles dies, wie gesagt, thut Nichts zur Sache: wenn auch die elektromotorische Oberfläche der Vorrichtungen mancherlei Veränderungen erfährt, die Eigenschaften der Oberfläche, welche uns interessirten, bleiben immer dieselben, und die angegebenen Abweichungen vom Dionaea-Blatte bestehen fort.

Wir beseitigen nunmehr die Zinkkupfergrenzen längs dem vorderen und dem hinteren Rande unserer Bleche. Zu dem Ende werden auf diese Ränder passende Streifen aufgelöthet von demselben Metalle, von welchem die äusseren Glieder unserer Platten-Combinationen gebildet sind. Aus den Vorrichtungen Fig. 16 (*a*, *b*) und Fig. 17 (*a*, *b*) gehen so die Vorrichtungen Fig. 18 (*a*, *b*) und Fig. 19 (*a*, *b*) hervor, von welchen wir unseren neuen Ausgang nehmen. An beiden Vorrichtungen kehrt die geforderte Symmetrie wieder der oberen und der unteren Fläche, der vorderen und der hinteren

Hälfte, der rechten und der linken Hälfte. Auch finden sich wieder in den Querlinien bei der Vorrichtung Fig. 19 *a* dieselben Richtungen der Kraft, wie am Blatte, während bei der Vorrichtung Fig. 18 *a* die Umkehr der Kraft auf dem Wege von innen nach aussen sich vermissen lässt. Neu hinzutritt dann aber, bei beiden Vorrichtungen übereinstimmend, die Gleichartigkeit aller derselben Längslinie angehörigen Punkte, gleichviel um welche Längslinie es sich handelt, so dass die Längsmittellinie und die seitlichen Ränder nicht ausgenommen sind. Die neuen Vorrichtungen bieten danach sichtlich nicht minder wesentliche Abweichungen vom Blatte dar, als unsere früheren Vorrichtungen.

Wiederum ohne dass an den Ergebnissen sich etwas ändert, lassen die Vorrichtungen Fig. 18 *a* und Fig. 19 *a* mehrfache Modificationen zu. Wir heften uns für's Erste ausschliesslich an die Vorrichtung Fig. 19 *a*. Wie diese Vorrichtung uns vor den Augen steht, können wir ihre beiden metallischen Theile als sehr platte gerade Zinkcylinder mit verkupfertem Mantel ansehen, die ihre Grundflächen einander zukehren. An die Stelle dieser Zinkcylinder dürfen dann ohne Weiteres ebenso platte gerade Kupfercylinder mit verzinkten Grundflächen treten. Weiter lassen sich statt jedes einzelnen derartigen Zink- oder Kupfercylinders mehrere gleiche Zink- resp. Kupfercylinder, mit Zwischenräumen, in der Höhe des Troges über einander symmetrisch anbringen. Man kann ferner jeden der bisherigen hohen und breiten Cylinder durch eine Anzahl gleicher und zwar entweder sehr schmaler Cylinder von unveränderter Höhe oder sehr niedriger Cylinder von unveränderter Breite ersetzen, die wie die früheren Cylinder zusammengesetzt sind, und die man regelmässig, mit gleichen kleinen Zwischenräumen, in derselben Ebene in der Breite resp. Länge des Troges neben einander so anordnet, dass ihre Grundflächen alle nach innen und nach aussen sehen. Endlich lässt sich der Ersatz der hohen und breiten Cylinder auch so bewerkstelligen, dass man viele gleiche und zwar zugleich sehr schmale und sehr niedrige Cylinder, die wie die grossen Cylinder beschaffen sind, aber nicht platt zu sein brauchen, in derselben, eben angegebenen Weise nach der Länge und der Breite des Troges an einander reiht. Alle diese verschiedenen Vorrichtungen finden wir gleichwerthig der Vorrichtung Fig. 19 *a*: in allen Fällen bietet die elektromotorische Oberfläche der Vorrichtung in gleicher Weise die Eigenschaften dar, welche wir von der Vorrichtung Fig. 19 *a* oben anführten.

Jetzt ertheilen wir unserer Vorrichtung Fig. 19 *a* angenähert die Gestalt des Blattes, wie es Fig. 19 *c* zeigt: jeder der beiden platten Zinkcylinder mit verkupfertem Mantel ist von der Mitte der äusseren Grundfläche aus nach vorn und nach hinten hin gleich schräg abgeschnitten, und die Flüssigkeit im Troge ist so eingeengt, dass sie auch ferner die Bleche überall gleichmässig umgiebt. Daneben ziehen wir sogleich noch eine einzelne der gleichwerthig erfundenen Vorrichtungen in Betracht, und zwar, mit Uebergehung aller Zwischenstufen, die letzterwähnte Vorrichtung mit den vielen niedrigen und schmalen Cylindern, die jetzt entsprechend die Gestalt gewinnt, welche Fig. 20 (für die Anordnung der metallischen Theile Fig. 20 *A*[1]) vorführt. Der Untersuchung dieser beiden Vorrichtungen ist aber Einiges vorauszuschicken.

Unvermerkt sind wir mit der Vortichtung Fig. 19 *a* in ein weit ausgebautes Gebiet eingetreten, in die Lehre von dem Muskelstrome. Der kupferne, am Mantel verzinkte, überall mit einer gleich dicken Schicht eines feuchten Leiters überzogene Cylinder hat sich als erstes Schema des Muskels in elektromotorischer Beziehung dargeboten; und wir prüften, könnte man sagen, in dem platten Zinkcylinder mit verkupfertem Mantel, den gleichmässig eine gleichartige Flüssigkeit umgab, ein erstes Schema unseres Blattflügels. Wenn wir wollten, konnten wir dort in Rücksicht auf die elektromotorische Oberfläche, ohne übrigens das Dionaea-Blatt irgend weiter in Verbindung mit dem thierischen Muskel zu bringen,

1) In den Figg. 20 *A*, *B* und *C*, den Figg. 21 *A*, *B* und *C* und den Figg. 24 *A*, *B* und *C* ist überall das Zink dunkel, das Kupfer hell angegeben.

zum Vergleiche mit unserem Blatte heranziehen zwei mit den Grundflächen (künstlichen Querschnitten) an einander gelegte Muskeln, deren Spannungen verkehrt, an den Grundflächen positiv und am Mantel negativ wären. Aber mit solcher vergleichenden Betrachtung an sich wäre wenig gethan gewesen. Wichtig und von wirklicher Bedeutung war, dass von da an die reichen Ermittelungen Hrn. E. du Bois-Reymond's zur Theorie des Muskelstromes uns ausgezeichnete Anhaltspunkte boten, in dem Studium der Blattströme vorzuschreiten. An der Hand dieser Ermittelungen konnten wir unsere Vorrichtung Fig. 19 *a* modificiren; und sie sind es auch, welche uns augenblicklich zu Hülfe kommen.

Neben dem Strome zwischen Längs- und Querschnitt und neben den schwachen Strömen am Längsschnitte und am Querschnitte des senkrecht durchschnittenen Muskels hat Hr. du Bois-Reymond an dem schräg durchschnittenen Muskel noch die Neigungsströme aufgefunden[1]): Ströme, gerichtet im Bogen von der stumpfen zur spitzen Ecke, die sich zu den erstgenannten Strömen algebraisch summiren, und deren Stärke mit der Neigung des Querschnittes zuerst zunimmt und später wieder sinkt. Hr. du Bois-Reymond hat diese Neigungsströme aus seiner Molekularhypothese abzuleiten vermocht unter der wahrscheinlich gemachten Annahme, dass am schrägen Querschnitte die Längsreihen der peripolaren Gruppen dipolarer Molekeln mit ihren Enden einander stufenartig überragen. Alsdann bleibt nämlich nicht der Strömungsvorgang jeder Molekel auf ihren Hof beschränkt; und die letzten dipolaren Molekeln aller jener Längsreihen für sich betrachtet, ebenso die vorletzten, drittletzten u. s. w. Molekeln derselben Längsreihen bilden dem schrägen Querschnitte parallele Reihen dipolarer Molekeln in unvollkommener säulenartiger Anordnung: Schrägreihen, deren Molekeln in der 1., 3. und allen ferneren ungeraden Reihen ihre positiven Pole mehr der stumpfen, ihre negativen Pole mehr der spitzen Ecke des

---

1) Archiv für Anatomie, Physiologie u. s. w. 1863. S. 521 ff. — Monatsber. der Berliner Akad. 1866. S. 387 ff.

Querschnittes zukehren, während in der 2., 4. und allen anderen geraden Reihen umgekehrt die positiven Pole der Molekeln mehr der spitzen, die negativen Pole mehr der stumpfen Ecke zugewandt sind. Die dem Querschnitte näheren ungeraden Schrägreihen überwiegen aber an Einfluss die entfernteren geraden Schrägreihen; ja, es käme sogar die erste Schrägreihe allein in Betracht, wenn, was anzunehmen Nichts hindert, der Abstand zweier dipolaren Molekeln, die zwei in einer Längsreihe benachbarten peripolaren Gruppen angehören, zurückträte gegen den Abstand zweier eine Gruppe bildenden Molekeln. Daraus resultirt, dass die elektromotorisch wirksamen Theile einen Strom durch sich selber senden in der Richtung von der spitzen zur stumpfen Ecke, in umgekehrter Richtung durch den umhüllenden feuchten Leiter; so dass für den Erfolg am angelegten Bogen ohne wesentlichen Fehler die stumpfe Ecke des schrägen Querschnittes als positive, die spitze Ecke als negative Einströmungsstelle sich ansehen lässt. Diese für den Fall peripolarer Gruppen dipolarer Molekeln gemachte Ableitung der Neigungsströme hat natürlich ebenso für den Fall peripolarer Molekeln Gültigkeit, da es ja im Wesentlichen nur auf die Lage der elektromotorischen Flächen ankommt. Hr. du Bois-Reymond hat auch die Neigungsströme des Muskelrhombus an den rhombischen Muskelmodellen wiedergefunden, die mit peripolaren Molekelmodellen oder mit peripolaren Gruppen dipolarer Molekelmodelle hergestellt waren. Ein einfacher schiefer Kupfercylinder mit verzinktem Mantel, überall gleichmässig von gleichartiger Flüssigkeit umgeben, liefert dagegen die Neigungsströme nicht, und er kann sie nicht liefern: zu ihrem Auftreten ist es unbedingt erforderlich, dass die Negativität des Querschnittes durch die Einmischung des positiven Längsschnittes gestört ist, wie es beim schrägen Muskel-Querschnitte nicht nur sich von vorne herein versteht, sondern auch direct dadurch bewiesen wird, dass der schräge Querschnitt immer weniger negativ ist als der senkrechte Querschnitt.

Mit diesen Kenntnissen ausgerüstet, vermögen wir die beiden Vorrichtungen Fig. 19 *c* und Fig. 20 (*A*) zu beurtheilen.

Bei der Vorrichtung Fig. 19 *c* haben wir am inneren und am äusseren Rande der seitlichen Hälfte die gleiche Positivität; bei der Vorrichtung Fig. 20 (*A*) ist die Positivität am äusseren Rande kleiner als am inneren Rande, und dazu kommen noch die Neigungsströme, für welche die Mitte des äusseren Randes als positive, die vordere und die hintere Ecke des äusseren Randes als negative Einströmungsstellen aufzufassen sind. Construiren wir also mittelst des Princips der Superposition der Ströme die elektromotorischen Oberflächen der Vorrichtungen Fig. 19 *c* und Fig. 20 (*A*), so ergiebt sich Folgendes.

Bei beiden Vorrichtungen findet sich, in Uebereinstimmung mit dem Blatte: 1. die Symmetrie der oberen und der unteren Fläche, der vorderen und der hinteren Hälfte, der rechten und der linken Hälfte; 2. in den Querlinien die Umkehr der Kraft, die in der Nähe der Längsmittellinie nach innen, nächst dem äusseren Rande nach aussen gerichtet ist; 3. zwischen den Mitten zweier Querlinien oder zwischen solchen Punkten derselben Linien, die um $^1/_3$ oder $^1/_4$ der Länge der Linien von der Längsmittellinie entfernt sind, in der vorderen Hälfte eine absteigende, in der hinteren Hälfte eine aufsteigende Kraft. Aber im Weiteren gehen beide Vorrichtungen aus einander. In der Längsmittellinie und in den anderen Längslinien der Vorrichtung Fig. 19 *c* ist die Gleichartigkeit aller Punkte derselben Linie, welche die Vorrichtung Fig. 19 *a* darbot, verloren gegangen, und es sind in jeder Längslinie die der Mitte näheren Punkte negativ gegen die entfernteren Punkte. In den Querlinien der Vorrichtung Fig. 19 *c* ist ferner der negativste Punkt überall ohngefähr in der Mitte der Linie gelegen, so dass die Verbindungslinie der negativsten Punkte aller Querlinien nahezu mit der Verbindungslinie der Mitten derselben Linien zusammenfällt und mit ihrer Krümmung ähnlich dem äusseren Rande der betreffenden seitlichen Hälfte der Vorrichtung verläuft. Nach dem vorhin Gesagten versteht es sich dann auch, dass eine Gleichartigkeit der negativsten Punkte aller Querlinien nicht besteht, vielmehr immer der negativste Punkt einer dem vorderen resp. hinteren Rande näheren Querlinie positiv ist gegen den negativsten

Punkt einer entfernteren Querlinie. Endlich tritt in derselben Vorrichtung Fig. 19 *c* sowohl an den äusseren Rändern der Vorrichtung, wie auch zwischen solchen Punkten zweier Querlinien, die um $^3/_4$ oder mehr der Länge der Linien von der Längsmittellinie entfernt sind, nicht die umgekehrte Kraft auf, wie zwischen den Mitten der Querlinien, sondern die gleichgerichtete Kraft, in der vorderen Hälfte der Vorrichtung eine absteigende, in der hinteren Hälfte eine aufsteigende Kraft. Die Vorrichtung Fig. 19 *c* weicht also in vielen Stücken eclatant vom Blatte ab. Ganz anders verhält sich die Vorrichtung Fig. 20 (*A*). Bei dieser sind in den mittleren Längslinien der seitlichen Hälfte der Vorrichtung alle Punkte derselben Linie nach wie vor gleichartig. Bei dieser sind ferner die negativsten Punkte der Querlinien desto weiter von der Mitte dieser Linien entfernt, desto näher an den äusseren Rand gerückt, je näher die Querlinien dem vorderen resp. hinteren Rande der Vorrichtung gelegen sind; und die Spannung der negativsten Punkte aller Querlinien ist dieselbe. Die Verbindungslinie der negativsten Punkte aller Querlinien ist von der Verbindungslinie der Mitten aller Querlinien losgelöst und verläuft ohngefähr parallel der Längsmittellinie. Bei dieser Vorrichtung endlich ist in der Längsmittellinie sowohl wie am äusseren Rande, wie auch zwischen solchen Punkten der Querlinien, die um $^3/_4$ oder mehr der Länge dieser Linien von der Längsmittellinie entfernt sind, die umgekehrte Kraft vorhanden, wie zwischen den Mitten der Querlinien, eine aufsteigende Kraft in der vorderen, eine absteigende Kraft in der hinteren Hälfte der Vorrichtung. So sehr also die Vorrichtung Fig. 19 *c* von unserem Blatte abweicht, gerade so sehr stimmt die Vorrichtung Fig. 20 (*A*) mit dem Blatte überein.

Vielleicht ist es nicht überflüssig zu bemerken, dass wir, unbekannt mit der Grösse des Unterschiedes in der Positivität zwischen dem inneren und dem äusseren Rande der seitlichen Hälfte der Vorrichtung und ebenso in Unwissenheit darüber, wie die Spannungen der Neigungsströme verhältnissmässig sich gestalten, begreiflich nicht für jede Vorrichtung von der durch Fig. 20 (*A*) repräsentirten Art behaupten können, dass die Haupt-Längslinie des Blattflügels mit ihrer Lage und der gleichen Spannung aller ihrer Punkte an der Vorrichtung sich wiederfindet. Vielmehr lässt sich im Allgemeinen nur aussagen, dass an der Vorrichtung Fig. 20 (*A*) die Verbindungslinie der negativsten Punkte aller Querlinien zur Seite der Verbindungslinie der Mitten der Querlinien nach aussen gerückt sein und mehr parallel der Längsmittellinie verlaufen, auch die absteigende Kraft in ihrer vorderen, die aufsteigende Kraft in ihrer hinteren Hälfte, der Verbindungslinie der Mitten der Querlinien gegenüber, geringer sein muss. Aber zugleich lässt sich übersehen, dass im speciellen Falle, wenn gewisse, für uns augenblicklich untergeordnete Bedingungen, welche die Neigung des äusseren Randes, die geringere Positivität desselben u. s. w. betreffen, von der Vorrichtung erfüllt sind, die Verbindungslinie der negativsten Punkte aller Querlinien an der Vorrichtung alle Eigenschaften der Haupt-Längslinie unseres Blattflügels darbieten wird. Und diesen speciellen Fall bei unserer Vorrichtung Fig. 20 (*A*) verwirklicht anzunehmen, dem steht für unsere Zwecke Nichts im Wege.

Hervorgehoben zu werden verdient dann noch ein weiterer Punkt, in welchem unsere Vorrichtung Fig. 20 (*A*) sehr schön mit dem Blatte übereinstimmt. In allen Querlinien unseres Blattes ergab sich auch der äusserste Punkt der Querlinie negativ gegen den zugehörigen Punkt der Mittelrippe: der Spannungsunterschied zwischen diesen beiden Punkten war in den dem vorderen resp. hinteren Rande nahen Querlinien grösser als in den mittleren Querlinien, aber auch in der mittelsten Querlinie noch ansehnlich. Dieses Verhalten der äussersten Querlinien-Punkte treffen wir nun gerade ebenso bei unserer Vorrichtung Fig. 20 (*A*) wieder an, und zwar bedingt nicht durch die Neigungsströme allein, die es nur in den dem vorderen resp. hinteren Rande nahen Querlinien herbeiführen können, sondern wesentlich auch durch die geringere Positivität des äusseren Randes.

Nach alledem liegt, wenn wir von der Unvollkommenheit der Symmetrie an der Mittelrippe absehen, mit der es eine eigene Bewandtniss haben muss, keine Erfahrung am Blatte vor, die nicht an unserer Vorrichtung Fig. 20 (A) sich wiederholt hätte. Diese Vorrichtung können wir also in elektromotorischer Beziehung ein zutreffendes Schema unseres Blattes nennen. Worunter wir aber natürlich nichts Anderes verstehen, als dass eine solche Vertheilung der Kräfte im Blatte, wie sie die Vorrichtung Fig. 20 (A) zeigt, die elektromotorische Oberfläche des Blattes liefern würde; denn es ist ja nicht ausgeschlossen, dass auch noch andere Vertheilungen der Kräfte von gleichem Werthe sich finden lassen.

Wir setzen deshalb auch unsere Prüfungen fort und haben in erster Linie noch diejenigen Modificationen der Vorrichtung Fig. 19 *a* zu betrachten, welche wir als Zwischenstufen vorher übergingen. Sie erhalten jetzt gleichfalls angenähert die Gestalt des Blattes. Die Vorrichtung, bei welcher statt des einen hohen und breiten Metallcylinders mehrere solche Cylinder in der Höhe des Troges über einander sich befinden, gleicht dann in ihrer elektromotorischen Oberfläche, soweit dieselbe Gegenstand unserer Untersuchung ist, ganz und gar der Vorrichtung Fig. 19 *c*. Dagegen stimmen in derselben Hinsicht mit der Vorrichtung Fig. 20 (A) überein die beiden anderen Vorrichtungen, bei welchen der jederseitige hohe und breite Metallcylinder das eine Mal durch sehr schmale Cylinder von unveränderter Höhe, das andere Mal durch sehr niedrige Cylinder von unveränderter Breite ersetzt ist, und die in ihrer jetzigen Gestalt wiederum Fig. 20 vorführt, mit Fig. 20 B resp. Fig. 20 C für die Anordnung der metallischen Theile. Allerdings hat Hr. du Bois-Reymond an rhombischen Modellen mit Rechtecken, deren lange Seiten aus Zink, deren kurze Seiten aus Kupfer bestanden, und die wie die Cylinder der Fig. 20 B angeordnet waren, die Neigungsströme nicht aufgefunden. Aber die Theorie verlangt, dass bei den Vorrichtungen Fig. 20 (B) und Fig. 20 (C) die geringere Positivität des äusseren Randes und die Neigungsströme desselben im Wesentlichen ebenso bestehen, wie bei der Vorrichtung Fig. 20 (A); und es ist sehr wohl denkbar, wie schon Hr.

du Bois-Reymond selber bemerkt hat[1]), dass an den Modellen nur besondere, dem Wesen der Frage eigentlich fremde Verwickelungen die Neigungsströme nicht haben zur Beobachtung kommen lassen. Wir verfahren deshalb vorsichtig und der Sachlage angemessen, indem wir neben der Vorrichtung Fig. 20 (*A*) auch die Vorrichtungen Fig. 20 (*B*) und Fig. 20 (*C*) als zutreffende Schemen des Blattes festhalten.

Sodann wenden wir uns zu der Vorrichtung Fig. 18 *a* zurück, welche durch die Verfolgung der Vorrichtung Fig. 19 *a* so lange vernachlässigt blieb. Wir lassen jetzt die Vorrichtung Fig. 18 *a* in ihren metallischen Theilen die analogen Veränderungen durchlaufen, wie vorher die Vorrichtung Fig. 19 *a*, und stellen überall in der gewohnten Weise die Form des Blattes her. Doch nichts Wesentliches finden wir damit gewonnen. Denn nirgends tritt in den Querlinien auf dem Wege von innen nach aussen die geforderte Umkehr der Kraft auf, noch bleibt es in den mittleren Längslinien bei der Gleichartigkeit der derselben Linie angehörigen Punkte. Und wenn bei denjenigen Modificationen der Vorrichtung Fig. 18 *a*, bei welchen viele kleinere Metallcylinder in derselben Ebene neben einander gelagert sind, in Folge der Neigungsströme, die hier im Bogen von der vorderen und der hinteren Ecke des äusseren Randes zur Mitte desselben verlaufen, die Gleichartigkeit der in der Längsmittellinie wie der am äusseren Rande befindlichen Punkte verloren gegangen ist, so wird selbst diese Annäherung an das Blatt noch dadurch entwerthet, dass dann zwischen diesen Punkten immer dieselbe Richtung der Kraft besteht, wie zwischen den Mitten der Querlinien. Vgl. Fig. 21, für welche die Figg. 21 *A*, 21 *B* und 21 *C* die Anordnung der metallischen Theile darstellen.

Endlich beseitigen wir an den Vorrichtungen Fig. 16 (*a*, *b*) und Fig. 17 (*a*, *b*) die Zinkkupfergrenzen, wie vorher (S. 49) längs dem vorderen und dem hinteren Rande, jetzt längs dem rechten und dem linken Rande der Bleche. Es entstehen die

---

1) Archiv für Anatomie, Physiologie u. s. w. 1863, S. 579—80; 600—1.

Vorrichtungen Fig. 22 und Fig. 23 (bei *a* von der Fläche, bei *b* vom vorderen Rande gesehen), deren metallische Theile sich wiederum auffassen lassen als gebildet von einem sehr platten geraden Zinkcylinder mit verkupferten Grundflächen resp. von zwei sehr platten geraden Kupfercylindern mit verzinkten Grundflächen, die aber gegenüber den Vorrichtungen Fig. 18 (*a*, *b*) und Fig. 19 (*a*, *b*) dadurch charakterisirt sind, dass die Grundflächen der Cylinder nach vorn und nach hinten sehen. Wir modificiren dann die metallischen Theile der Vorrichtungen Fig. 22 und Fig. 23 in derselben Weise, wie wir bei den Vorrichtungen Fig. 18 *a* und Fig. 19 *a* verfuhren; so dass wir eine analoge Reihe von Vorrichtungen, wie dort, erhalten, nur dass, während dort die Grundflächen der Metallcylinder immer nach rechts und nach links gerichtet waren, dieselben bei den neuen Vorrichtungen überall nach vorn und nach hinten gewandt sind. Schliesslich ertheilen wir wiederum allen Vorrichtungen angenähert die Gestalt des Blattes. Untersuchen wir nun die neuen Vorrichtungen auf ihre elektromotorischen Oberflächen, so ergiebt sich, ausser der Symmetrie der Flächen und Hälften, Folgendes. Wo durch die Länge und Breite der Vorrichtung resp. ihrer seitlichen Hälfte nur ein einziger Metallcylinder sich erstreckt, sind alle Punkte derselben Querlinie unter einander gleichartig; und zwischen den Punkten zweier Querlinien, die beide entweder der vorderen oder der hinteren Hälfte der Vorrichtung angehören, besteht immer dieselbe Richtung der Kraft, gleichviel ob die Punkte in einer mittleren Längslinie der seitlichen Hälfte oder in der Längsmittellinie, gleichviel ob sie in der Verbindungslinie der Mitten der Querlinien oder am äusseren Rande gelegen sind. Bei den anderen Vorrichtungen, deren metallische Theile von den kleineren Cylindern gebildet sind, gestalten sich die Dinge allerdings etwas anders durch das Hinzutreten der Spannungen, welche die geringere Positivität resp. Negativität des äusseren Randes, der oberen wie der unteren Fläche gegenüber, und die Neigungsströme desselben Randes setzen: die derselben Querlinie angehörigen Punkte sind hier nämlich unter einander ungleichartig. Aber eine Umkehr der Kraft in den Querlinien auf dem Wege von innen nach aussen findet auch hier nicht statt; höchstens in der mittelsten Querlinie und den dieser ganz nahen Querlinien könnte es unter Umständen zu einer solchen Umkehr kommen. Und weiter zeigt sich die Kraft zwischen den vorhin bezeichneten Punkten verschiedener Querlinien nicht nur nirgends in ihrer Richtung geändert, sondern sogar in ihrer alten Richtung noch überall verstärkt. Vgl. Fig. 24, für welche wiederum die Figg. 24 *A*, *B* und *C* die Anordnung der metallischen Theile vorführen. Die elektromotorische Oberfläche weicht also bei allen diesen Vorrichtungen ganz auffällig von der des Blattes ab.

Damit sind unsere Voruntersuchungen zum Abschlusse gelangt. Wir haben ihnen zu Grunde gelegt, was die constatirte elektrische Symmetrie der oberen und der unteren Fläche, der rechten und der linken Hälfte, der vorderen und der hinteren Hälfte des Blattes verlangt, dass der mit elektromotorischen Kräften ausgestattete anatomische Bestandtheil des Blattes eine symmetrische Lage besitzt zu den beiden Blattflächen, zu der Mittelrippen-Axe und zu einer senkrecht auf der Mitte der Mittelrippen-Axe stehenden, quer durch das Blatt gehenden Linie. Dazu haben wir noch stillschweigend die beiden Annahmen gemacht: 1. der betreffende Bestandtheil gebe in seiner Begrenzung ohngefähr die Form des Blattes oder der Blattflügel wieder; 2. derselbe bilde im Blatte resp. Blattflügel ein zusammenhängendes Ganzes oder halte dort mit seinen Theilen eine constante Lage in Bezug auf die Blattflächen und auf die Mittelrippe ein, so dass seine Kräfte in dem gleichen Bezuge nirgends eine Veränderung der Richtung erfahren. Für diese Annahmen haben wir an schematischen Vorrichtungen von der angenäherten Gestalt des Blattes nach einander die drei möglichen Fälle betrachtet, dass die elektromotorischen Flächen 1. parallel den Blattflächen, 2. senkrecht zu den Blattflächen und parallel der Mittelrippe, 3. senkrecht zu den Blattflächen und senkrecht zu der Mittelrippe gelegen sind. Im ersten und im dritten Falle hat keinerlei Modification der Vorrichtung eine elektromotorische Oberfläche ergeben ähnlich der des Blattes. Im zweiten Falle wurden, wenn in gleicher Höhe neben einander nur zwei elektromotorische Flächen ununterbrochen durch die Vorrichtung oder durch jede seitliche Hälfte derselben sich erstreckten, oder wenn in gleicher Höhe neben einander zahlreichere elektromotorische Flächen gleichmässig über die Vorrichtung vertheilt waren, so dass an der Längsmittellinie der Vorrichtung keine Unterbrechung der Anordnung bestand, gleichfalls elektromotorische Oberflächen gefunden, welche wesentlich vom Blatte abwichen. Dagegen haben in demselben Falle solche Anordnungen der elektromotorischen Flächen, wie sie die Vorrichtungen Figg. 20 *A*, *B* und *C* darboten, die gleiche elektromotorische Oberfläche geliefert, wie sie das Blatt zeigt. Wenn unsere Annahmen zutreffen, müssen also die elektromotorischen Kräfte im Inneren des Dionaea-Blattes ähnlich angeordnet sein, wie die Kräfte in einer der Vorrichtungen Fig. 20 A, Fig. 20 B, Fig. 20 C.

(2.) Untersuchung der anatomischen Bestandtheile ausser dem Parenchyme.

Unmittelbar führen dieseVerermittelungen zur gewünschten Kenntniss freilich nicht, aber sie erleichtern wesentlich unsere Aufgabe, wenn wir nunmehr daran gehen, die verschiedenen Bestandtheile des Blattes der Reihe nach auf ihre elektromotorische Wirksamkeit zu untersuchen.

Sogleich finden wir von der Concurrenz um den Sitz der elektromotorischen Kräfte auszuschliessen die Scheibendrüsen[1]). Indem diese Gebilde blos an der oberen Blattfläche vorkommen, erfüllen sie schon nicht die erste Anforderung, welche auf Grund der Symmetrie der elektromotorischen Oberfläche an die elektromotorische Substanz zu stellen ist, die symmetrische Lage zu beiden Blattflächen. Doch wollen wir dabei nicht stehen bleiben. Man könnte meinen, bei der Genauig-

---

1) Für die anatomischen Daten, welche ich in der Folge benutze, stütze ich mich auf die Erfahrungen, welche ich durch die von Hrn. Kurtz angefertigten Präparate und durch eigene Untersuchungen an frischen Blättern gewonnen habe.

keit, mit welcher wir die Gleichheit der absoluten Grösse der Spannungen an beiden Blattflächen nur haben constatiren können, sei mit unserer Beweisführung die elektromotorische Wirksamkeit der Scheibendrüsen deshalb noch nicht genügend ausgeschlossen, weil der Abstand der Blattflächen so gering sei. Hier kommen uns nun unsere Vorermittelungen zu Statten. Den dort gemachten Annahmen würde die Gesammtheit der Scheibendrüsen gut entsprechen. Damit unsere elektromotorische Oberfläche erhalten würde, müssten also die Scheibendrüsen den Blattflächen parallele, senkrecht gegen die Mittelrippe gerichtete Kräfte besitzen; und dagegen spricht entschieden der radiäre zellige Aufbau der Scheibendrüsen, indem die zur Mittelrippe senkrechte Richtung der Kräfte nicht vor der der Mittelrippe parallelen Richtung bevorzugt sein könnte, da doch den im Kreise angeordneten gleichen Zellen gleiche Kräfte zukommen müssten. Auch müsste die Anordnung der Scheibendrüsen an der Mittelrippe unterbrochen sein, und das ist nicht der Fall. Dass die Drüsen über die obere Seite der Mittelrippe, wie über die Blattflügel, sich hinziehen, ist an jedem Blatte mit gerötheten Drüsen im Groben ohne Weiteres zu beobachten; aber ich habe auch bei sorgsamer Musterung die Anordnung der Drüsen an beiden Orten nicht wesentlich verschieden gefunden, besonders die Drüsen auf der Mittelrippe nicht in viel grösseren Abständen gelagert, was für die volle Unterbrechung der Anordnung hätte einen gewissen Ersatz bieten können. Endlich lassen sich, durch Hinüberstreichen mit der Thonspitze der Elektrode oder mit dem Skalpellstiele über die obere Blattfläche, die Drüsen streckenweise zu einem grossen Theile entfernen, und ich habe danach weder am geschlossenen noch an dem wieder geöffneten Blatte die elektromotorische Oberfläche merklich verändert gefunden. Mit aller Bestimmtheit ist daher zu sagen, dass die Scheibendrüsen nicht die gesuchte elektromotorische Substanz sind.

Ebensowenig können der Sitz der elektromotorischen Kräfte die Sternhaare sein, welche die untere Seite der Blattflügel wie der Mittelrippe und die Randstacheln bedecken:

es sprechen dagegen dieselben Gründe, welche sich gegen die Scheibendrüsen geltend machen liessen, so dass wir deren Wiederholung und die Anführung weiterer Gründe uns ersparen können. Auch wird es der Ausführung nicht bedürfen, dass, wenn man die Ungeheuerlichkeit wagen wollte, Scheibendrüsen und Sternhaare in elektromotorischer Hinsicht zusammenzufassen, Nichts damit gewonnen sein würde.

Einen dritten Bestandtheil des Blattes bilden die Fibrovasalstränge. Ihre Lage im Blatte ist eine so symmetrische, wie es die Symmetrie der elektromotorischen Oberfläche verlangt. Aber den bei unseren Vorermittelungen gemachten Annahmen entsprechen sie nicht. Die Form des Blattes und der Blattflügel kann man von ihnen wiedergegeben finden, auch ziehen sie überall den Blattflächen parallel dahin, aber eine constante Lage zur Mittelrippe halten sie nicht ein; vielmehr verlaufen sie in der Mittelrippe selbst dieser parallel, stehen dann als stärkste Seitennerven und als Nerven der Randstacheln senkrecht auf der Mittelrippe und bilden in den schwächeren Seitennerven und in den bogenförmigen Anastomosen alle möglichen Winkel mit der Mittelrippe. Für diese Fibrovasalstränge passen demnach unsere Vorermittelungen nicht, und besondere Prüfungen sind für sie erforderlich.

Scheidet man im Verhalten der Fibrovasalstränge das individuell Verschiedene aus, das eben seiner Natur nach nicht von Bedeutung sein kann für die uns bekannte elektromotorische Oberfläche des Blattes, welche wir immer in gleicher Weise wiederfanden, so lässt sich die regelmässige Anordnung der Stränge so schematisiren, wie es die schraffirten Streifen der Fig. 25 (Taf. I) zeigen. Der lange Zug der Stränge in der Mittelrippe von vorn nach hinten bildet den Boden zweier in den Blattflügeln befindlichen Arcaden, eigenthümlicher Arcaden der Art, dass die senkrechten Pfeiler von der Mitte aus nach vorn wie nach hinten zu an Länge abnehmen und nahe dem äusseren Rande des Blattflügels Spitzbögen tragen, welche durch ähnliche kleinere Zwischenbögen verbunden sind und von ihren Spitzen aus geradlinige Ausläufer in die Randstacheln senden. Entsprechend dieser Formation sei nun die

Plattencombination der Vorrichtung Fig. 16 *a* (drei mit den Flächen zusammengelöthete Platten, die beiden äusseren von Zink, die mittlere von Kupfer) durchbrochen resp. zugeschnitten und in einen ähnlich begrenzten flachen, mit einer gleichartigen Flüssigkeit erfüllten Trog versenkt, so dass die Flüssigkeit oben, unten und an den Seiten das Metall ein wenig überragt. Wir erhalten die Vorrichtung Fig. 25; und deren elektromotorische Oberfläche zeigt in der Längsmittellinie und an den äusseren Rändern, ferner zwischen den Mitten der Querlinien und in dem grössten Theile der Querlinien selbst dieselben Richtungen der Kraft, welche wir am Blatte constatirten. Aber nicht findet sich wieder, dass der negativste Punkt jeder Querlinie wesentlich nach aussen verschoben ist und desto mehr, je näher dem vorderen oder dem hinteren Rande die Querlinie sich befindet; noch sind die negativsten Punkte aller Querlinien einander gleichartig. Vielmehr fällt die Verbindungslinie der negativsten Punkte aller Querlinien ohngefähr mit der Verbindungslinie der Mitten der Querlinien zusammen, und es besteht in ihrer vorderen Hälfte eine absteigende, in ihrer hinteren Hälfte eine aufsteigende Kraft. Die mittleren Längslinien der seitlichen Hälfte der Vorrichtung lassen auch die Gleichartigkeit sämmtlicher derselben Längslinie angehörigen Punkte vermissen, und es trifft eine solche Gleichartigkeit höchstens zu für einzelne Längslinien, welche zwischen der Verbindungslinie der Mitten der Querlinien und der Längsmittellinie der Vorrichtung gelegen sind. Dazu kommt noch, dass in den Querlinien der Vorrichtung Fig. 25 nahe dem äusseren Rande die Positivität jedes äusseren Punktes gegen jeden inneren Punkt nicht wiederkehrt, sondern sogar eine nochmalige Umkehr der Kraft sich einstellt. Die elektromotorische Oberfläche der Vorrichtung Fig. 25 ist also bei mancher Uebereinstimmung doch wesentlich verschieden von der des Blattes. Und darin wird auch Nichts geändert, wenn wir statt der zusammenhängenden Bleche entsprechend gruppirte kleinere Bleche oder Säulenpaare nehmen, wenn wir überhaupt die metallischen Theile unserer Vorrichtung Fig. 25 ebenso modificiren, wie es oben S. 48 mit der Vorrichtung Fig. 16 *c* geschah.

Erwägt man nun, dass selbst diejenigen Aehnlichkeiten, welche wir hinsichts der elektromotorischen Oberfläche zwischen der Vorrichtung Fig. 25 und dem Blatte fanden, noch wesentlich getrübt werden müssen durch die individuell verschiedenen, aber regelmässig vorhandenen schwächeren Seitennerven, welche Anastomosen der starken pfeilerartigen Seitennerven vorstellen, so kann kein Zweifel sein, dass Kräfte in den Fibrovasalsträngen senkrecht zu deren Längsaxe und senkrecht zu den Blattflächen die elektromotorische Oberfläche nicht liefern, welche wir am Blatte constatirten. Dasselbe gilt dann aber auch sogleich für Kräfte, welche senkrecht zur Längsaxe der Stränge und parallel den Blattflächen gerichtet sind, da solche Kräfte nur zu der gleichen elektromotorischen Oberfläche führen könnten, wie die ersteren Kräfte. Und nicht besser steht es endlich mit Kräften, welche parallel der Längsaxe der Stränge und damit parallel den Blattflächen gerichtet sind. Denn hier würden die Spannungsunterschiede an den Blattflächen nur durch die elektrischen Differenzen gesetzt sein zwischen der Oberfläche der Stränge einerseits und ihren freien Enden an den Randstacheln und an den Mittelrippen-Enden andererseits; und dass daraus nicht eine elektromotorische Oberfläche resultiren könnte, wie wir sie am Blatte vorfanden, liegt zu sehr auf der Hand, als dass wir dabei verweilen sollten. Mithin ist es ausgemacht, dass auch die Fibrovasalstränge nicht die elektromotorische Substanz sind, welche wir suchen.

Wir kommen zum vierten Bestandtheile des Blattes, der Epidermis. Diese überzieht als eine einfache Schicht eng verbundener langgestreckter, ohngefähr cylindrischer Zellen ununterbrochen das ganze Blatt, nur dass an der oberen Seite die Basalzellen der Scheibendrüsen, an der unteren Seite wie auch am äusseren Rande und an den Randstacheln die Basalzellen der Sternhaare und die Schliesszellen der Spaltöffnungen eingelagert sind. Die lange Axe der Epidermiszellen liegt immer den Blattflächen parallel; und sie steht überall ohngefähr senkrecht auf der Mittelrippen-Axe, ausser an der unteren Seite der Mittelrippe und in den isolirten kurzen und schmalen Zwischenräumen der Randstacheln hart an den äusseren Rändern, wo sie der Mittelrippen-Axe etwa parallel verläuft. Von der letzteren Abweichung abgesehen, sind also die Bedingungen unserer Vorermittelungen erfüllt, wenn wir jetzt die Epidermis und damit die sie constituirenden Zellen als elektromotorisch wirksam betrachten wollen, und die Abweichung ist zu klein, als dass es ganz besonderer neuer Prüfungen bedürfte; vielmehr geben hier unsere Vorermittelungen eine gute Grundlage ab, auf der wir weiterbauen können.

Nehmen wir die Epidermiszellen zuerst mit Kräften ausgestattet an senkrecht zu ihrer langen Axe und senkrecht zu den Blattflächen, so ist die stellenweise Veränderung der Lage der Zellen für die elektromotorische Oberfläche selbstverständlich ohne Bedeutung, wenn auf die einzelne Zelle zahlreiche elektromotorische Flächen entfallen. Für den anderen extremen Fall, dass jeder Zelle nur zwei elektromotorische Flächen entsprechen, greifen wir auf die Betrachtung derjenigen Modification der Vorrichtung Fig. 16 *c* zurück, bei welcher die metallischen Theile von sehr kleinen gleichen Blechen gebildet waren. Auf die Form der Bleche hatten wir oben kein Gewicht zu legen gebraucht: sie mögen Rechtecke gewesen sein, deren längere Seiten senkrecht zur Mittelrippe standen. Denken wir nun in der unteren Hälfte unserer Vorrichtung in und an der Längsmittellinie und ferner stellenweise an den äusseren Rändern der Vorrichtung die Rechtecke um 90° gedreht, so dass ihre längeren Seiten der Mittelrippe parallel sind, so muss, in Folge der Ungleichheit der Strömungsvorgänge an den Grenzen, an welchen die verschieden gelagerten Rechtecke zusammenstossen, allerdings die Vertheilung der Spannungen an der Oberfläche sich ändern; aber die Veränderung wird nur die Querlinien, in erster Reihe die der unteren Fläche, betreffen, indem die Spannungen dieser Linien mehr ähnlich werden den entsprechenden Spannungen des Falles, dass eine Lücke an der Längsmittellinie die Anordnung der metallischen Theile unterbricht. Die Ungleichheit der Spannungen an der oberen und der unteren Fläche, welche dadurch herbeigeführt wird, wollen wir gar nicht weiter betonen. Jedenfalls bleibt es in allen Längslinien, in den Verbindungslinien der Mitten der Querlinien und an den äusseren Rändern bei der Gleichheit der Richtung der Kraft nach wie vor. Und damit ist es festgestellt, dass die in den Epidermiszellen eben angenommenen Kräfte unfähig sind, die elektromotorische Oberfläche des Blattes zu liefern.

Nicht minder leicht lässt sich übersehen, dass auch die Annahme solcher Kräfte in den Epidermiszellen, welche senkrecht zu der langen Axe der Zellen und parallel der Mittelrippe gerichtet sind, zur elektromotorischen Oberfläche des Blattes nicht führt. Wir greifen zur Vorrichtung Fig. 24 *A* zurück und denken uns zunächst die mittlere Lücke von ebensolchen Cylindern in gleicher Anordnung, wie sie die seitlichen Hälften zeigen, erfüllt — was hier für die elektromotorische Oberfläche ohne Folgen ist —, dann in der unteren Hälfte der Vorrichtung entlang der Längsmittellinie und stellenweise an den äusseren Rändern der Vorrichtung die Cylinder um 90° gedreht, so dass ihre Grundflächen nach rechts und nach links gewandt sind. Nun wird die elektromotorische Oberfläche der Vorrichtung wesentlich verändert sein, indem es zu einer Umkehr der Kraft in den Querlinien kommt. Aber zugleich wird nicht blos eine Asymmetrie der oberen und der unteren Fläche vorhanden sein, sondern es wird auch hier wiederum die gleiche Richtung der Kraft in allen Längslinien, in den Verbindungslinien der Mitten der Querlinien und an den äusseren Rändern fortbestehen. Legen wir nun auch nur auf das Letztere Gewicht, so sind offenbar der Abweichungen genug vom Blatte gegeben, um von den in Rede stehenden Kräften absehen zu lassen.

Etwas umständlicher gestaltet sich die Erwägung der dritten Möglichkeit, dass die Kräfte der Epidermiszellen parallel der langen Axe der Zellen, also parallel den Blattflächen und senkrecht zu der Mittelrippe gerichtet sind.

Nehmen wir zunächst die Epidermis an der Längsmittellinie oben und unten von gleicher Beschaffenheit und zwar von der Beschaffenheit der unteren Seite an, so können wir an die Vorrichtung Fig. 20 *A* anknüpfen, deren elektromotorische Oberfläche wir der des Blattes entsprechen sahen. Denken wir uns die vom unwirksamen Leiter erfüllte Lücke an der Längsmittellinie dieser Vorrichtung mit ebensolchen Cylindern in der gleichen Anordnung erfüllt, wie sie sonst die Vorrichtung darbietet, doch so, dass die verzinkten Grundflächen der neuen Cylinder alle nach vorn und nach hinten sehen, so treten damit für die Oberfläche zu den bisher betrachteten Spannungen neue hinzu, welche unwesentlicher das Verhalten der Querlinien, wesentlich aber das der Längslinien beeinflussen. Die Gleichartigkeit der mittleren Längslinien der seitlichen Hälfte und die verhältnissmässig schwachen, vorn auf-, hinten absteigenden Kräfte in der Längsmittellinie scheinen in der vorderen Hälfte der Vorrichtung absteigenden, in der hinteren Hälfte aufsteigenden Kräften Platz machen zu müssen: wodurch die Vorrichtung wieder ihre Aehnlichkeit mit dem Blatte verliert. Indess steht Nichts dem im Wege, dass wir die Neigungsströme des äusseren Randes stärker als bisher annehmen, so dass sie auch die neu hinzugekommenen Kräfte überwinden. Nur das könnte einem berechtigten Bedenken unterliegen, ob, wenn die Gleichartigkeit der mittleren Längslinien der seitlichen Hälfte wieder besteht, zugleich auch in der Längsmittellinie wieder die alten Richtungen der Kräfte vorhanden sind; und auf die Erörterung dieser Frage mögen wir uns nicht einlassen, von anderen Gründen abgesehen, schon deshalb nicht, weil die Frage bald gegenstandslos erscheinen wird. Wir setzen die alten Kräfte in der Längsmittellinie auch ferner vorhanden, was wir um so eher dürfen, als es den Interessen unserer weiteren Ausführung widerspricht; und wir haben also nach unserer Ausfüllung der mittleren Lücke dieselbe elektromotorische Oberfläche an der Vorrichtung wie zuvor.

Jetzt passen wir auch die äusseren Ränder unserer Vorrichtung Fig. 20 *A* dem Verhalten der Epidermis an. Was bei den vorhergehenden Prüfungen entbehrlich war, ist jetzt wesentlich, dass wir uns den gegebenen Verhältnissen eng anschliessen. An der oberen wie an der unteren Seite des Blattflügels setzen sich alle Querreihen der Epidermiszellen, sich verschmälernd, auf die Randstacheln fort und enden an deren Spitze oder in der Nähe derselben. Dabei gehen die auf den Stachel stossenden Querreihen geradlinig auf denselben über; die anderen Querreihen, welche in den Zwischenraum zweier Stacheln fallen würden, spalten sich sehr nahe dem äusseren Rande des Blattflügels in zwei gleiche Gruppen, welche divergiren und die eine auf die hintere Seite des vorderen, die andere auf die vordere Seite des hinteren Stachels sich begeben. In den Scheiteln der hohen Bögen, mit welchen so die mit der langen Axe ohngefähr senkrecht zur Mittelrippe gestellten Epidermiszellen sich nach aussen abgrenzen, sind dann in geringer Ausdehnung diejenigen Epidermiszellen gelagert, deren lange Axe etwa parallel der Mittelrippe verläuft, und die, von oben und von unten zusammen ausgebreitet betrachtet, gewissermassen kreisrunde Inseln zwischen den Randstacheln bilden[1]). Diesem Verhalten der Epidermis entsprechend denken wir uns nun unsere Vorrichtung Fig. 20 *A* an ihren äusseren Rändern hergerichtet, die langen Querreihen der Cylinder alle in die spitzen Fortsätze der Vorrichtung verlängert und da, wo die Querreihen auseinanderweichen, einige neue kurze Reihen von ebensolchen Cylindern in gleicher Anordnung hinzugefügt, so jedoch, dass diese Cylinder ihre verzinkten Grundflächen alle nach vorn und nach hinten kehren. Sofort übersehen wir, welch grosse Veränderung für unsere elektromotorische Oberfläche herbeigeführt ist. Das äussere Ende unserer Cylinder-Querreihen, das von solcher Bedeutung für die Vorrichtung Fig. 20 *A* war, ist jetzt an die Spitze der Fortsätze gerückt, und von der geringeren Positivität des äusseren Randes der Vorrichtung und von den Neigungsströmen desselben kann keine Rede mehr sein. Selbst wenn die langen Cylinder-Querreihen nicht alle auf die Fortsätze übergingen, sondern immer geradlinig bis zu ihrem Ende verliefen und so zum Theil in dem Zwischenraume zweier Fortsätze stufenartig

1) Fig. 26 (Taf. I.) veranschaulicht das Verhalten der Epidermis-Zellenreihen am äusseren Rande. Die lange Axe der Zellen ist immer den die Zellenreihen repräsentirenden Linien parallel.

an die kurzen Cylinder-Längsreihen sich ansetzten, würden nur partiale Neigungsströme des zwischen je zwei Fortsätzen gelegenen äusseren Randes bestehen, welche die Spannungen der Oberfläche im Grossen und Ganzen nicht beeinflussen könnten. Damit ist dann aber die Aehnlichkeit der elektromotorischen Oberfläche der Vorrichtung mit der des Blattes ganz fortgefallen, und die neuen, der Mittelrippe parallelen Cylinder-Reihen vermögen natürlich nicht dieselbe wiederherzustellen.

Noch ein anderes, freilich weniger gewichtiges Moment erhebt sich gegen die in Frage stehende Möglichkeit, wenn wir von unserer Annahme, dass die Epidermis an der Längsmittellinie oben so sich verhalte wie unten, zur Berücksichtigung des wirklichen Verhaltens fortschreiten. Indem nämlich die Querreihen der Epidermiszellen an der oberen Seite ohne Unterbrechung über die Mittelrippe hinwegziehen, könnten wir uns auch für die elektromotorische Oberfläche auf die Vorrichtung Fig. 21 *A* verwiesen sehen, deren Oberfläche sich sehr wesentlich verschieden ergeben hat von der des Blattes; und wiederum muss eine Asymmetrie der oberen und der unteren Fläche resultiren. So vereinigen sich die eigenthümliche Endigung der Querreihen der Epidermiszellen am äusseren Rande einerseits und der Mangel der Unterbrechung derselben Reihen an der Längsmittellinie der oberen Seite andererseits, um auch das ganz unmöglich erscheinen zu lassen, dass Kräfte in den Epidermiszellen, die parallel der langen Axe der Zellen gerichtet sind, die elektromotorische Oberfläche des Blattes liefern.

Zu bemerken bleibt nur noch, dass die Verschiedenheiten, welche die Epidermiszellen an verschiedenen Stellen des Blattes darbieten, unsere Ausführungen hinsichts dieser Zellen nicht beeinträchtigen können. Wollte man die oberen Epidermiszellen von den unteren sondern und nur die einen oder die anderen als elektromotorisch wirksam auffassen, es würde sichtlich zu Nichts helfen, und man wäre auch gar nicht dazu berechtigt. Wenn die oberen Epidermiszellen in ihren Dimensionen regelmässig etwas abweichen von den unteren Zellen, so lässt sich dem keine Bedeutung beimessen, weil beiderlei Zellen nach dem äusseren Rande hin gleichmässig in die sehr langen und sehr schmalen Epidermiszellen der Randstacheln übergehen, und weil eine Scheidung jener von diesen Zellen des ganz allmählichen Ueberganges wegen nicht möglich ist. Erst recht bedeutungslos muss aber für unsere Interessen die verschiedene Färbung der Zellen erscheinen. Denn während alle Blätter in elektrischer Beziehung, soweit meine Untersuchung reichte, sich gleich verhielten, waren in vielen die oberen Epidermiszellen ebenso grün wie die unteren, in anderen Blättern waren bald nur die mittelsten Epidermiszellen an der oberen Seite des Blattflügels, bald eine ausgedehntere Partie der Zellen um die Mitte herum, bald alle Zellen bis zur Mittelrippe und zu den Rändern, bald endlich ausserdem noch die Epidermiszellen der Randstacheln geröthet; ja, in zwei Fällen habe ich sogar nur die mittelsten Zellen des Blattflügels und zugleich die Zellen der Randstacheln in deren ganzem Umfange roth gefunden. Es kann demnach auch Nichts zu besagen haben, wenn die Epidermiszellen an der oberen Seite der Mittelrippe etwas kürzer, als die benachbarten Zellen des Blattflügels, und bisher nie roth gefunden sind. Und überhaupt kann bei dieser Sachlage das Verfahren allein richtig sein, welches wir oben einschlugen, dass man in elektrischer Hinsicht alle Epidermiszellen zusammenfasst.

Auf dem Wege der Ausschliessung sind wir also dahin gelangt, die gesuchte elektromotorische Substanz in dem einzigen noch übrigen Bestandtheile des Blattes zu erkennen, — im Parenchyme, d. h. in der grossen Masse meist langgestreckter und etwa cylindrischer, selten kugeliger Zellen, welche zusammen mit den Fibrovasalsträngen den Raum zwischen der oberen und der unteren Epidermis erfüllen. Die Art der Wirksamkeit dieser Zellenmasse würde nunmehr noch zu bestimmen sein, damit unsere Aufgabe vollkommen gelöst wäre.

(3.) Untersuchung des Parenchyms.

Nach der Form und der Lage der Zellen lassen sich fünf Partieen am Parenchyme unterscheiden: 1. das Blattflügel-Parenchym, 2. das Parenchym des äusseren Randes, 3. das Randstachel-Parenchym, 4. das obere und 5. das untere Mittelrippen-Parenchym[1]). Das Blattflügel-Parenchym besteht aus lauter Zellen von etwa cylindrischer Gestalt, deren lange Axe parallel den Blattflächen und senkrecht zur Mittelrippe gelegen ist. Den ganzen Blattflügel mit Ausnahme der äussersten Partie erfüllend, grenzt es unmittelbar einerseits an das obere und das untere Mittelrippen-Parenchym, andererseits an das Parenchym des äusseren Randes und das Randstachel-Parenchym und weist Querreihen regelmässig mit den Polen aneinanderstossender Zellen auf, Reihen also, welche den Blattflächen parallel sind und senkrecht auf der Mittelrippe stehen. Von der Blattflügel-Nervatur wird es ohngefähr gerade in der Mitte seiner Dicke durchsetzt, so dass sich mit der Nervatur als Grenze eine obere und eine untere Hälfte an ihm unterscheiden lassen. Seine äussere Grenze verläuft sehr nahe dem äusseren Rande des Blattflügels, noch etwas nach aussen von den Spitzen der Zwischenbögen, welche die grossen Bögen der Seitennerven verbinden, und zwar parallel dem äusseren Rande des Blattflügels, ohne jedoch den Vorsprüngen desselben, welche die Randstacheln entlassen, zu folgen. Nach innen vom Blattflügel-Parenchyme und zwar jederseits von der oberen Hälfte desselben begrenzt, liegt das obere Mittelrippen-Parenchym und erfüllt den Raum zwischen der oberen Epidermis der Mittelrippe und der oberen Fläche des Mittelrippen-Nerven. Es ist gleichfalls von etwa cylindrischen Zellen gebildet; aber deren lange Axe ist ohngefähr senkrecht zur Mittelrippen-Axe und senkrecht zur oberen Fläche der Mittelrippe gestellt, und in Folge der regelmässigen Aneinanderlagerung der Zellen mit ihren Polen lassen sich hier auf den Blattflächen senkrechte Reihen der Zellen, Verticalreihen, erkennen. Den

1) Vgl. Fig. 4 und Figg. 27 *a* und *b*. Die letzteren Figuren zeigen schematisch *a* einen Querschnitt, *b* einen Längsschnitt durch das offene Blatt. Die inneren Linien repräsentiren die Parenchym-Zellenreihen, so dass überall den Linien parallel die langen Axen der Zellen gelegen sind. Wo der Schnitt senkrecht zu diesen Axen gefallen ist, erscheinen die Zellenreihen demgemäss als Punkte.

noch übrigen Raum der Mittelrippe unterhalb und zu den Seiten des Mittelrippen-Nerven nimmt das untere Mittelrippen-Parenchym ein und stösst jederseits unmittelbar mit der unteren Hälfte des Blattflügel-Parenchyms zusammen. Auch dieses Parenchym ist aus lauter etwa cylindrischen Zellen zusammengesetzt; aber die Zellen sind hier mit ihrer langen Axe den Blattflächen und der Mittelrippe parallel und bilden durch die Regelmässigkeit ihrer Anordnung den Blattflächen und der Mittelrippe parallele Längsreihen. Nach aussen vom Blattflügel-Parenchyme und zwar überall da, wo der äussere Rand des Blattflügels keinen Stachel entlässt, liegt in dem ganz schmalen Saume das Parenchym des äusseren Randes, das aus lauter kugeligen Zellen besteht. Endlich erstreckt sich immer da, wo ein Randstachel abgeht, von der äusseren Grenze des Blattflügel-Parenchyms aus bis tief in den Randstachel hinein das Randstachel-Parenchym, das wiederum eigenartig beschaffen ist, dessen Schilderung ich mir aber für eine spätere Steile vorbehalte.

Nur der ausgedehnten Vorbereitung für unsere Aufgabe haben wir es zu verdanken, wenn wir in diesem scheinbaren Wirrwarr von Zellen und Axen uns zurechtfinden. Wir übersehen sogleich, dass das Blattflügel-Parenchym, das an Ausdehnung alle anderen Parenchyme insgesammt viele Male übertrifft, die Bedingungen unserer Vorermittelungen erfüllt, und dass unsere Aufgabe somit ohne Weiteres gelöst wäre, wenn von den anderen Parenchymen sich absehen liesse. Solches Absehen geht nun allerdings nicht an; im Gegentheil, wir dürfen den leitenden Faden unserer Untersuchung, den wir in der berechtigten Voraussetzung besitzen, dass der gleichen Organisation die gleiche Anordnung der elektrischen Kräfte entspricht, nicht aufgeben und müssen den anderen Parenchymen dieselben Kräfte, wie dem Blattflügel-Parenchyme, zuerkennen, so lange nicht besondere Gründe dagegen sprechen. Aber immerhin finden wir wiederum durch unsere Vorermittelungen einen guten Grund gelegt, da wir nur noch zu untersuchen brauchen, ob und wie die elektromotorische Oberfläche, welche das Blattflügel-Parenchym für sich allein liefern würde, durch die Anwesenheit der anderen Parenchyme verändert wird. In diese Untersuchung treten wir ein; und um dieselbe zu vereinfachen, vernachlässigen wir vorläufig das Parenchym des äusseren Randes und das Randstachel-Parenchym, indem wir an deren Stelle nur unwirksame feuchte Leiter an der Aussenseite des Blattflügel-Parenchyms befindlich annehmen.

Wir beginnen wiederum damit, dass wir die Zellen des Blattflügel-Parenchyms mit Kräften ausgestattet sein lassen senkrecht zur langen Axe der Zellen und senkrecht zu den Blattflächen. Enthielte die Mittelrippe nur unwirksamen Leiter, so würden diese Kräfte die elektromotorische Oberfläche liefern, welche Fig. 17 *c* zeigt, und welche wesentlich von der des Blattes abweicht. Nun setzen wir die Mittelrippe mit ebensolchen Zellen, wie die Blattflügel, erfüllt, alle Zellen dort aber um ihre verticale Axe so gedreht, dass ihre Pole nach vorn und nach hinten sehen. Es wird die elektromotorische Oberfläche der Vorrichtung Fig. 16 *c*, mit überall umgekehrter Richtung der Kräfte, erhalten, wenn auf die einzelne Zelle zahlreiche elektromotorische Flächen entfallen. Andererseits, wenn der einzelnen Zelle nur zwei solche Flächen zukommen, stellt sich die elektromotorische Oberfläche der Vorrichtung Fig. 17 *c* blos so verändert dar, dass in den Querlinien die negativsten Punkte nach innen gerückt erscheinen; in allen Längslinien, in den Verbindungslinien der Mitten der Querlinien und an den äusseren Rändern bestehen die alten Richtungen der Kräfte fort. Wir nehmen zweitens die Mittelrippe wiederum von ebensolchen Zellen, wie die Blattflügel, erfüllt an, alle Zellen dort aber aufgestellt, ihre Pole nach oben und nach unten gekehrt, so dass die Kräfte dieser Zellen parallel den Blattflächen und senkrecht zur Mittelrippe gerichtet sind. Dadurch wird an der elektromotorischen Oberfläche der Vorrichtung Fig. 17 *c* nicht mehr verändert, als dass die negativsten Punkte der Querlinien nach aussen gerückt erscheinen; alle Linien von vorn nach hinten behalten auch hier die alten Richtungen der Kräfte bei. Es ist also klar, dass, wenn wir beiderlei Einfügungen zugleich vornehmen, indem wir die Zellen mit den nach oben und unten gekehrten Polen den oberen Theil, die Zellen mit den nach vorn und hinten gekehrten Polen den unteren Theil der Mittelrippe erfüllen lassen, gleichfalls und erst recht nicht die elektromotorische Oberfläche des Blattes gewonnen wird.

Lassen wir weiter die Zellen des Blattflügels-Parenchyms mit Kräften ausgestattet sein senkrecht zur langen Axe der Zellen und parallel den Blattflächen, so würden wir, bei unwirksamem Leiter in der Mittelrippe, die elektromotorische Oberfläche erhalten, welche die Vorrichtung Fig. 24 *A* zeigt. Denken wir nun die Mittelrippe mit ebensolchen Zellen, wie die Blattflügel, erfüllt, alle Zellen dort aber um ihre verticale Axe so gedreht, dass ihre Pole nach vorn und nach hinten sehen, so tritt gar keine Veränderung der Richtungen der Kräfte weder in den Quer- noch in den Längslinien ein. Ebensowenig ist dies der Fall, wenn wir alle Zellen in der Mittelrippe aufgestellt, mit den Polen nach oben und nach unten gekehrt setzen, so dass die Kräfte der Zellen parallel den Blattflächen und parallel der Mittelrippe gerichtet sind. Es führt also auch wiederum nicht zur elektromotorischen Oberfläche des Blattes, wenn wir die Zellen in beiderlei Lagen zugleich, wie vorher, die Mittelrippe erfüllen lassen.

Die Annahmen, welche wir bei diesen Ueberlegungen hinsichts der Kräfte in den Zellen der Mittelrippe gemacht haben, sind sichtlich die natürlichsten. Wollte man sich aber auch zu unnatürlicheren Annahmen verstehen, wollte man die Kräfte der Zellen, deren Pole nach vorn und nach hinten sehen, im ersten Falle parallel den Blattflächen und senkrecht zur Mittelrippe, im zweiten Falle senkrecht zur Mittelrippe und senkrecht zu den Blattflächen, und wiederum die Kräfte der anderen Zellen, deren Pole nach oben und nach unten gekehrt sind, im ersten Falle parallel der Mittelrippe und parallel den Blattflächen, im zweiten Falle parallel den Blattflächen und senkrecht zur Mittelrippe setzen, man würde doch, wie der weiteren Ausführung nicht bedarf, die elektromotorische Oberfläche des Blattes nie erhalten.

Die dritte und letzte Möglichkeit, welche zu betrachten

ist, geht dahin, dass die Zellen des Blattflügel-Parenchyms ihrer langen Axe parallele Kräfte besitzen, also Kräfte, welche den Blattflächen parallel und zur Mittelrippe senkrecht sind. Für solche Kräfte würde, bei unwirksamem Leiter in der Mittelrippe, unsere Vorrichtung Fig. 20 *A* ohne Weiteres angezeigt haben, wie wir zur elektromotorischen Oberfläche des Blattes gelangten. Aber den gegenwärtigen Anforderungen entspricht die Vorrichtung nicht, und es ist nothwendig, dass wir sie modificiren.

Wir setzen die vom unwirksamen Leiter eingenommene mittlere Lücke der Vorrichtung Fig. 20 *A* von ebensolchen Cylindern in der gleichen Anordnung erfüllt, wie sie die seitlichen Hälften der Vorrichtung darbieten, nur dass die Cylinder dort anders gelagert sind. Sehen die Pole aller Cylinder in der mittleren Lücke nach oben und nach unten, so ist die vorn auf-, hinten absteigende Kraft in der Längsmittellinie verstärkt, die negativsten Punkte der Querlinien sind nach aussen gerückt und zwar desto weiter, je näher die betrachtete Querlinie der mittelsten Querlinie gelegen ist, endlich die Gleichartigkeit der mittleren Längslinien der seitlichen Hälften ist verschwunden, indem vorn auf-, hinten absteigende Kräfte in den Linien bestehen. Sind hinwiederum die Pole aller Cylinder in der mittleren Lücke nach vorn und nach hinten gerichtet, so sind in der Längsmittellinie, in den Verbindungslinien der Mitten der Querlinien, in allen mittleren Längslinien der seitlichen Hälften und endlich an den äusseren Rändern vorn ab-, hinten aufsteigende Kräfte hinzugetreten; und die negativsten Punkte der Querlinien sind im vordersten und im hintersten Viertel der seitlichen Hälften nach aussen, in den beiden mittleren Vierteln nach innen gerückt, überall desto weiter, je näher die betrachtete Querlinie dort dem vorderen resp. hinteren Rande, hier der mittelsten Querlinie sich befindet. Nehmen wir nun die Cylinder der mittleren Lücke in beiderlei Lagerung zugleich an, die Pole nach oben und nach unten gerichtet in dem oberen Theile, die Pole nach vorn und nach hinten gewandt in dem unteren Theile der mittleren Lücke, so lässt sich die elektromotorische Oberfläche der so gearteten Vorrichtung natürlich allgemeingültig nicht genauer bestimmen. Aber wenn es auf der einen Seite unmittelbar klar ist, dass diese Oberfläche von derjenigen der Vorrichtung Fig. 20 *A* wesentlich verschieden sein und die Uebereinstimmung mit der des Blattes ganz verloren haben kann, so ergiebt es sich doch auf der anderen Seite, dass auch jetzt noch an der Vorrichtung die Oberfläche bestehen kann, welche Fig. 20 zeigt.

Zuvörderst bemerken wir, dass die beiderlei Einfügungen in die mittlere Lücke für die von uns betrachteten Linien der Oberfläche, mit wenigen Ausnahmen, überall gerade entgegengesetzte Kräfte neu hinzutreten machen, so dass ihre Wirkungen mehr oder weniger vollständig einander compensiren können. Sodann müssen wir uns erinnern, dass bei unserer Betrachtung der Vorrichtung Fig. 20 *A*, wie S. 55 noch besonders angemerkt wurde, der Unterschied in der Positivität zwischen dem inneren und dem äusseren Rande der seitlichen Hälfte der Vorrichtung und die Neigungsströme des äusseren Randes in ihrer Grösse haben durchaus unbestimmt bleiben müssen. Wir haben deshalb dort nur sagen können, dass sich übersehen liesse, dass unter gewissen Bedingungen, bei einer gewissen Neigung des äusseren Randes u. s. w., die elektromotorische Oberfläche Fig. 20 sich darbieten würde. Nunmehr lässt sich ebenso weiter übersehen, dass unter veränderten Bedingungen, bei einer gewissen anderen Neigung des äusseren Randes u. s. w., unter Bedingungen mithin, welche ohne Erfüllung der mittleren Lücke der Vorrichtung Fig. 20 *A* die elektromotorische Oberfläche Fig. 20 nicht geliefert haben würden, gerade nach der nunmehrigen Erfüllung der Lücke eben diese Oberfläche hergestellt sein kann. Wenn z. B. ohne Erfüllung der mittleren Lücke die mittleren Längslinien der seitlichen Hälften noch vorn ab-, hinten aufsteigende Kräfte besassen, können diese Kräfte nach der Erfüllung der Lücke durch die mit derselben neu hinzugetretenen Kräfte beseitigt sein. Oder es kann auch, wenn vorher in denselben Linien, in Folge des Uebergewichtes der Neigungsströme, vorn auf-, hinten absteigende Kräfte bestanden, nachher zur Gleichartigkeit der Linien gekommen sein, in Folge der Verschiebung der negativsten Punkte in den Querlinien, wie sie die Erfüllung der Lücke mit sich bringt. Lässt es sich also auch durchaus nicht erweisen, so ist doch sehr wohl die Möglichkeit einzusehen, dass die elektromotorische Oberfläche Fig. 20 auch dann sich darbietet, wenn in die mittlere Lücke der Vorrichtung Fig. 20 *A* wirksame Theile in der bezeichneten Weise eingefügt sind.

Damit von der Vorrichtung zum Blatte übergehend, sehen wir bei diesem die Sachlage sich noch wesentlich günstiger gestalten. Da die durch die Mittelrippen-Parenchyme in den Linien der Oberfläche gesetzten Spannungsdifferenzen mit der Entfernung von der Mittelrippe rasch abnehmen müssen, werden die Mittelrippen-Parenchyme in ihrer Bedeutung für die elektromotorische Oberfläche desto mehr gegenüber dem Blattflügel-Parenchyme zurücktreten, je grösser der Abstand von der Mittelrippe ist; bis endlich von einem gewissen Abstande an das Blattflügel-Parenchym allein zur Geltung kommen, d. h. die Oberfläche gerade so sich verhalten wird, wie wenn ausschliesslich dieses Parenchym wirksam wäre und nur unwirksamer feuchter Leiter in der Mittelrippe sich befände. Nun müssen die Wirkungen der Mittelrippen-Parenchyme in der Nähe der Mittelrippe besonders im Verhalten der Längslinien zur Wahrnehmung kommen und daneben etwa noch in der Asymmetrie der oberen und der unteren Fläche. Gerade aber hinsichts der somit fraglichen Linien und Flächenstücke ist unsere Kenntniss der elektromotorischen Oberfläche des Blattes lückenhaft geblieben. Denn gerade in der Nähe der Mittelrippe haben sich die vergleichenden Bestimmungen an der oberen und der unteren Fläche nicht ausführen lassen (s. o. S. 41), und gerade dort auch ist es, was jetzt alle Beachtung verdient, uns nicht gelungen (s. o. S. 39), eine einfache Gesetzmässigkeit in den Spannungen der Längslinien zu erkennen, die Längsmittellinie ausgenommen, bei welcher die Richtungen der Kräfte jedoch hier gar nicht in Frage zu kommen brauchen. Wenn also die Wirkungen der Mittelrippen-Parenchyme, wie es sehr gut möglich ist, nur bis zu einer mässigen Entfernung von der Mittelrippe eine solche Grösse besitzen, dass sie bei der Feinheit unserer Bestimmungen sich bemerklich machen, so ist Nichts natürlicher, als dass die Wirkungen an unserer elektromotorischen Oberfläche des Blattes vollständig sich vermissen lassen. Und darum stellt sich offenbar noch viel mehr, als dass die metallischen Theile der vorhin modificirten Vorrichtung Fig. 20 *A* die elektromotorische Oberfläche Fig. 20 liefern, das Andere als wahrscheinlich heraus, um das es uns ja im Grunde nur zu thun ist, dass die elektromotorische Oberfläche des Blattes aus den Kräften des Parenchyms resultirt, wenn ebensolche Kräfte in ebensolcher Anordnung dem Blattflügel-Parenchyme zukommen, wie den Cylindermassen in den seitlichen Hälften der Vorrichtung Fig. 20 *A*.

Doch, nicht zu vergessen, wir haben soweit die beiden Aussenparenchyme vernachlässigt und müssen auch diese Parenchyme noch in den Kreis der Untersuchung ziehen.

Das Randstachel-Parenchym erfüllt nicht blos den eigentlichen Randstachel, sondern auch den Wulst, der an dem Ursprunge jedes Stachels liegt und der Ausbuchtung der unteren Blattfläche nach unten seine Entstehung verdankt. Es ist von Reihen etwa cylindrischer Zellen, deren lange Axe ohngefähr parallel der Axe des Stachels verläuft, gebildet, und nur zu unterst im Wulste finden sich kugelige Zellen, auf welche sich jene Zellenreihen gewissermassen aufsetzen. Von den am weitesten nach innen reichenden Zellenreihen stossen die untersten Zellen mit ihren Mänteln unmittelbar an die Pole der letzten Zellen des Blattflügel-Parenchyms an und zwar so, dass die Querreihen des Blattflügel-Parenchyms mit den Schrägreihen des Randstachel-Parenchyms einen nach oben concaven Winkel bilden, der nahe an 180° herankommt[1]). Dass das Parenchym des äusseren Randes aus lauter kugeligen Zellen besteht und nur einen ganz schmalen Saum an der Aussenseite des Blattflügel-Parenchyms in den Zwischenräumen der Randstacheln oder Randstachel-Parenchyme bildet, ist uns schon von früher her bekannt.

1) Vergl. Fig. 4 und Fig. 27 *a*.

Wir gehen nun nochmals die drei möglichen Fälle hinsichts der Kräfte des Blattflügel-Parenchyms durch und lassen, wie wir vorher das Blattflügel-Parenchym zusammen mit dem Mittelrippen-Parenchyme betrachteten, jetzt ausserdem auch noch die Aussenparenchyme wirksam sein. Ueber die Kräfte, welche dabei die Zellen des Randstachel-Parenchyms erhalten, kann kein Zweifel herrschen, da immer dieselben Richtungen zur langen Axe und zur oberen und unteren resp. vorderen und hinteren Wand der Zellen anzunehmen sind, wie bei den Zellen des Blattflügel-Parenchyms. Dagegen sind wir bei den kugeligen Zellen des Parenchyms des äusseren Randes in Verlegenheit, welche Kräfte wir ihnen in Bezug auf die Kräfte des Blattflügel-Parenchyms zuertheilen sollen; und es bleibt Nichts übrig, als dass wir in jedem Falle die Kräfte der kugeligen Zellen gerichtet setzen ein Mal wie die der Zellen des Blattflügel-Parenchyms, ein zweites Mal wie die der Zellen des oberen und ein drittes Mal wie die der Zellen des unteren Mittelrippen-Parenchyms. Führen wir so die Prüfungen durch, so finden wir, dass überall da, wo eine elektromotorische Oberfläche sonst sich ergab, die von der des Blattes wesentlich abwich, auch durch das Hinzutreten der Aussenparenchyme darin Nichts geändert wird, und dass andererseits, wo vorher die Möglichkeit sich herausstellte, dass die elektromotorische Oberfläche des Blattes erhalten wurde, diese Möglichkeit auch jetzt noch fortbesteht. Im Uebrigen treten weder neue bemerkenswerthe Momente noch neue Schwierigkeiten bei den Prüfungen auf, und die ausgedehntere Behandlung derselben darf um so eher unterbleiben, als die weitere Entwickelung der Dinge bald sogar diese ganzen Prüfungen überflüssig erscheinen lassen wird. Nur das mag erwähnt sein, dass, wenn man das Blattflügel-Parenchym mit solchen Kräften in solcher Anordnung ausgestattet setzt wie die Cylindermassen in den seitlichen Hälften der Vorrichtung Fig. 20 *A*, durch die Aussenparenchyme im ungünstigsten Falle an der elektromotorischen Oberfläche Fig. 20 doch nicht mehr verändert wird, als dass die negativsten Punkte der Querlinien sich ein wenig verschieben; und dass, wenn damit auch in der

Gleichartigkeit der mittleren Längslinien der seitlichen Hälfte eine Störung eintritt, dieselbe doch nur unbedeutend ist, so dass sie am Blatte innerhalb der Fehlergrenzen der Bestimmungen bleiben könnte.

Die Aussenparenchyme ändern also Nichts, und es bleibt bei dem, was wir vorher ermittelt haben. Wir sahen zuerst, dass, mit welchen Kräften man auch die anatomischen Bestandtheile des Blattes ausser dem Parenchyme mag ausgestattet sein lassen, nie die Kräfte die constatirte elektromotorische Oberfläche des Blattes liefern. Ebensowenig, stellte sich weiter heraus, führt es zu dieser Oberfläche, wenn man das Parenchym als wirksam annimmt und die Zellen des Blattflügel-Parenchyms Kräfte besitzen lässt, die senkrecht zur langen Axe der Zellen und senkrecht zu den Blattflächen oder die senkrecht zur langen Axe der Zellen und parallel den Blattflächen gerichtet sind. Ertheilt man aber, wiederum das Parenchym als wirksam vorausgesetzt, den Zellen des Blattflügel-Parenchyms der langen Axe der Zellen parallele Kräfte und zwar in solcher Anordnung, wie sie die Cylindermassen in den seitlichen Hälften der Vorrichtung Fig. 20 *A* zeigen, so lässt sich, wie wir schliesslich fanden, die elektromotorische Oberfläche des Blattes zwar nicht mit Sicherheit aus den Kräften des Parenchyms ableiten — dazu gebricht es an der unentbehrlichen Kenntniss verschiedener Grössenverhältnisse, und daran verhindern die durch die Mittelrippen-Parenchyme eingeführten Verwickelungen —, aber es ergiebt sich hier eine sehr hohe Wahrscheinlichkeit dafür, dass aus den Kräften des Parenchyms die elektromotorische Oberfläche des Blattes resultirt. Damit sind wir offenbar zu Erfolgen gelangt, so gut sie sich nur erwarten liessen; und bei den Grenzen, welche solchen Untersuchungen, wie wir sie eben führen, heutzutage gesteckt sind, wird man nicht im Zweifel darüber sein können, dass die letztbezeichneten Kräfte in der Wirklichkeit dem Blattflügel-Parenchyme zukommen.

Weitere Erfahrungen am Blatte verbürgen denn auch noch die Zuverlässigkeit dieses Ergebnisses.

Nach unseren Ermittelungen ist die elektromotorische

Oberfläche des Blattes, so genau wir sie kennen lernten, ausschliesslich oder fast ausschliesslich durch die Kräfte des Blattflügel-Parenchyms bedingt, und die anderen Parenchyme sind für dieselbe ohne Bedeutung oder beeinflussen sie doch blos unwesentlich. Nur wenn dies richtig, ist es denkbar, dass die Winkel, welche die Zellenreihen der verschiedenen Parenchyme mit einander bilden, grösser oder kleiner werden können, ohne dass die elektromotorische Oberfläche des Blattes Veränderungen erfährt. Das ist es aber, was sich in der That ergiebt. Wenn das offene Blatt, das wir unseren bisherigen Ueberlegungen zu Grunde legten, sich schliesst oder wenn das geschlossene Blatt sich wieder öffnet, ändern sich die Winkel, welche die Zellenreihen des Blattflügel-Parenchyms mit den Zellenreihen der Mittelrippen-Parenchyme einerseits und mit den Zellenreihen des Randstachel-Parenchyms andererseits bilden, um 30—60° (s. u. §. 5); und doch wird die gleiche Vertheilung der Spannungen an der Oberfläche des Blattes gefunden, mag das Blatt mehr oder weniger offen oder geschlossen sein (s. o. S. 41).

Die Bedeutungslosigkeit der Aussenparenchyme für die elektromotorische Oberfläche des Blattes lässt sich ferner auf folgende Weise erhärten. Schneidet man an einem äusseren Rande des Blattes oder auch an beiden äusseren Rändern die Randstacheln mit ihren Wülsten und dem schmalen Saume des freien Randes zwischen den Stacheln so ab, dass nur Reste vom Randstachel-Parenchyme und vom Parenchyme des äusseren Randes dort stehen bleiben, so kommt an der elektromotorischen Oberfläche des Blattes keine Veränderung zur Beobachtung. Da eine Reizbewegung nicht eintritt (s. u. §. 5), lässt sich der Versuch auch am offenen Blatte anstellen, während zweien Punkten der unteren Blattfläche die Elektroden angelagert sind; und wenn keine Verrückung der Elektroden erfolgt, sieht man die vor dem Abschneiden vorhandene Kraft ebenso nach dem Abschneiden fortbestehen, gleichviel wo die geprüften Punkte gelegen sind.

Unter dem Eindrucke dieser Erfahrungen drängt sich die Frage auf, ob denn überhaupt den Aussenparenchymen solche elektrischen Kräfte zukommen, wie dem Blattflügel-Parenchyme. Wir gewahren, indem wir uns umschauen, dass, wenn wir soweit die Aussenparenchyme mit dem Blattflügel-Parenchyme in elektromotorischer Beziehung in Zusammenhang gebracht haben, wir dazu nur durch den im Grunde bedeutungslosen Umstand veranlasst worden sind, dass die grobe Anatomie beiderlei Bestandtheile des Blattes mit dem Collectivbegriffe „Parenchym“ umfasst. Selbst eine morphologische Uebereinstimmung der Aussenparenchyme mit dem Blattflügel-Parenchyme lässt sich nicht vertreten, zumal wenn man vom Randstachel-Parenchyme die tief im Stachel selbst gelegenen Zellen mit in's Auge fasst. Andererseits, wie sich bisher jede Spur einer elektromotorischen Wirksamkeit der Aussenparenchyme vermissen liess, so kann man auch die beim letzten Versuche abgeschnittenen Randtheile des Blattes ableiten wie man wolle, es gelingt nicht, elektrische Wirkungen ihnen zu entlocken; während sonst alle ausgeschnittenen Theile des Blattes mehr oder weniger grosse, oft recht beträchtliche Spannungsdifferenzen zwischen den Schnittflächen oder zwischen der Schnittfläche und der Oberfläche ergeben. Da somit nicht das Mindeste für jenen bisher festgehaltenen Zusammenhang, wohl aber Manches gewichtig dagegen spricht, müssen wir jetzt die Aussenparenchyme ganz von dem Blattflügel-Parenchyme scheiden und ebensogut, wie z. B. die Epidermis, den unwirksamen Bestandtheilen des Blattes zurechnen.

Anders steht es, wenn sich die gleiche Frage für die Mittelrippen-Parenchyme erhebt. Schon die morphologische Uebereinstimmung dieser Parenchyme mit dem Blattflügel-Parenchyme ist gar nicht zu verkennen, und sogar noch engere Beziehungen werden für das obere Mittelrippen-Parenchym offenbar, sobald man einen Querschnitt des geschlossenen Blattes betrachtet. Denn hier, wo unsere Verticalreihen der Zellen des oberen Mittelrippen-Parenchyms fast parallel unseren Querreihen der Zellen des Blattflügel-Parenchyms laufen, lehrt der erste Blick, dass die beiderlei Zellenreihen ein von Natur zusammengehöriges Ganzes sind, von dem nur die eine Partie, je mehr das Blatt sich öffnet, desto mehr sich um die

Mittelrippenaxe dreht, während die andere Partie ihre Lage zur selben Axe unverändert beibehält. Ausserdem aber erweist sich nicht blos jedes isolirte Stück der Mittelrippe elektromotorisch wirksam, sondern es macht sich sogar die Wirksamkeit der Mittelrippen-Parenchyme auch schon an der elektromotorischen Oberfläche des unversehrten Blattes deutlich bemerklich in einem Verhalten, das wir nur so lange absichtlich ausser Acht gelassen haben, in der Asymmetrie der Mittelrippe.

Als wir oben S. 76 unsere Vorrichtung Fig. 20 *A* modificirten, fügten wir die Cylinder mit ihren Polen nach oben und nach unten gerichtet in den oberen Theil, nach vorn und nach hinten gewandt in den unteren Theil der mittleren Lücke ein. Auch umgekehrt hätten die letzteren Cylinder oben, die ersteren unten in der Lücke sich annehmen lassen, ohne dass dadurch die Erfolge im Mindesten beeinträchtigt wurden. Aber, was ohnedies am natürlichsten erschien, das ist jetzt durch die Zusammengehörigkeit des oberen Mittelrippen-Parenchyms mit dem Blattflügel-Parenchyme geradezu zweifellos, dass auch die Kräfte der Mittelrippen-Parenchyme der langen Axe der Zellen parallel zu setzen sind. Nun resultirten an unserer Vorrichtung aus den das untere Mittelrippen-Parenchym repräsentirenden Cylindern für die Längsmittellinie in der vorderen Hälfte absteigende, in der hinteren Hälfte aufsteigende und zwar in beiden Hälften symmetrische Kräfte. Das trifft aber für das Blatt, das wir immer in seinem natürlichen Zusammenhange mit dem Blattstiele untersuchten, deshalb nicht zu, weil, wie jetzt an der Zeit ist zu bemerken, das untere Mittelrippen-Parenchym des Blattes ohne jede Unterbrechung sich fortsetzt in ein gleiches und gleich gelagertes Parenchym, das über den ganzen Blattstiel (mit dem Zwischengliede) sich erstreckt. Da demgemäss auch dem letzteren Parenchyme die elektrischen Kräfte unseres unteren Mittelrippen-Parenchyms zuzusprechen sind, so muss der elektromotorische Aequator der ein Ganzes bildenden unteren Mittelrippen-Parenchyme des Blattes und des Blattstieles v o r der Mittelrippe des Blattes gelegen sein. Durch das untere Mittelrippen-Parenchym werden sich also an der Mittelrippe des Blattes zu den dort sonst schon vorhandenen, in der vorderen Hälfte auf- und in der hinteren Hälfte absteigenden Kräften überall nur aufsteigende Kräfte algebraisch summiren; und daher kommt es, dass der positivste Punkt an der Mittelrippe über die Mitte derselben hinaus nach hinten verschoben ist.

Ist mit dieser Herleitung der Asymmetrie der Mittelrippe das Rechte getroffen, so müssen mit der Verkürzung des Blattstieles, unter Verschiebung des vorhin bezeichneten Aequators, die Kräfte an der Mittelrippe des Blattes Veränderungen erfahren: und das ist wirklich der Fall. Schon Hr. Sanderson hat seinen „normalen Blattstrom“ (zwischen den Blattenden) ansehnlich wachsen sehen, wenn er den mit dem Blatte verbundenen Blattstiel im Ganzen oder stückweise abtrug[1]). Dass Hr. Sanderson, vor diese Erfahrung blos mit seiner Kenntniss des „normalen Blattstromes“ und des (entgegengesetzt gerichteten) „Blattstielstromes“ gestellt, dieselbe nicht zu erklären vermochte, ist nur natürlich; unverständlich ist mir aber, wie er sie hat in Beziehung zum Elektrotonus des Nerven bringen können[2]), und eine Widerlegung wird nicht nöthig sein. Ich habe die aufsteigende Kraft zwischen den Enden der Mittelrippe nach der Verkürzung des Blattstieles meist gleichfalls gewachsen, doch auch wiederholt, wenn der Schnitt nahe dem hinteren Ende des Blattstieles geführt war, verringert gefunden; ausserdem habe ich die ab-

---

1) Proceed. p. 495; Centralbl. S. 834; Nat. p. 128.

2) Ich setze die Stelle (Nat. p. 128) hierher: „The leaf-stalk was cut off, the leaf remaining as before on the electrodes. The deflection was increased (more than doubled). It was then explained that when the leaf-stalk is itself placed on the electrodes, the galvanometer indicates the existence of a current opposed in direction to that of the leaf, showing that the electrical conditions on opposite sides of the joint between stalk and leaf are antagonistic to each other. Consequently, so long as leaf and stalk are united, each prevents or diminishes the manifestation of electromotive force by the other. This is completely in accordance with what is observed with reference to nerve, and is known as „electrotonic variation of the nerve current“.“

steigende Kraft in der hinteren und vornehmlich die aufsteigende Kraft in der vorderen Hälfte der Mittelrippe abnehmen sehen. Und das genügt für den angetretenen Beweis. Im Uebrigen habe ich ein volles Verständniss der hier eintretenden Veränderungen noch nicht zu gewinnen vermocht, weil, als ich mich zu den vorerst wenig wesentlichen und dabei die Töpfe entblätternden Versuchen im letzten Spätherbste entschloss, das Material mir nicht mehr in ausreichender Menge zu Gebote stand und besonders auch nicht in der erforderlichen Güte, da die Kräfte öfters schon umgekehrt waren (s. o. S. 44). Erst mit einer grösseren Summe von Versuchen werden die mehrfachen Verwickelungen, welche hier durch die von vorn nach hinten abnehmende Dicke der Blatt-Mittelrippe, durch das Vorhandensein gleicher Zellenreihen auch an der oberen Seite des Zwischengliedes und des Blattstieles, durch die von den Blattflügeln und den Blattstielflügeln gebildeten Nebenschliessungen u. s. w. gesetzt sind, sich befriedigend überwinden lassen. Erst dann werden auch, beiläufig bemerkt, die Veränderungen von Hrn. Sanderson's „normalem Blattstrome", welche das Hindurchleiten eines constanten Stromes durch den Blattstiel herbeiführt[1]), sich mit Erfolg studiren lassen: Veränderungen, welche nach meinen Wahrnehmungen durch ihre unbedeutende Grösse und durch die Inconstanz der Richtung, in welcher sie erfolgen, sich sehr wesentlich von den elektrotonischen Veränderungen des Nerven unterscheiden.

Fassen wir nun alle die dargelegten neuen Erfahrungen zusammen, so haben sich alle anderen Parenchyme ausser dem Blattflügel-Parenchyme in der That von nur so geringer Bedeutung für unsere elektromotorische Oberfläche des Blattes ergeben, wie wir es vorgesehen hatten, und zwar die Aussenparenchyme aus dem Grunde, weil sie überhaupt unwirksam sind, die Mittelrippen-Parenchyme deshalb, weil sie blos in

---

1) Sanderson, Proceed. p. 495—6; Centralbl. S. 334. Die Richtungen der Zuwachsströme sind an der einen dieser beiden Stellen gerade entgegengesetzt angegeben, wie an der anderen.

der Asymmetrie der Mittelrippe sich zur Geltung bringen. Andererseits aber hat es sich auch in Folge der Zusammengehörigkeit des oberen Mittelrippen-Parenchyms mit dem Blattflügel-Parenchyme und in Folge der Asymmetrie der Mittelrippe als unzweifelhaft herausgestellt, dass die Mittelrippen-Parenchyme mit ebensolchen Kräften wie das Blattflügel-Parenchym ausgestattet sind. Mit noch grösserer Sicherheit und Genauigkeit, als vorher, können wir also jetzt die elektromotorische Oberfläche des Blattes daher ableiten, dass die Zellen des Blattflügel-Parenchyms und der beiden Mittelrippen-Parenchyme der langen Axe der Zellen parallele Kräfte besitzen in solcher Anordnung, wie sie die Cylindermassen in den seitlichen Hälften der Vorrichtung Fig. 20 *A* darbieten.

Ueberhaupt kann dieses Ergebniss nunmehr höchstens noch Bedenken unterliegen auf Grund der Abweichungen, welche die dem Blatte angenäherte Gestalt unserer Vorrichtungen von der wirklichen Gestalt des Blattes darbot; und auch jedes derartige Bedenken wird durch die Untersuchung beseitigt. Es würde zu weit geführt haben und wäre auch zwecklos gewesen, hätten wir oben in ausgedehnter Entwickelung unsere Vorrichtungen noch mehr der Blattform nähern wollen: es genügt, wenn wir jetzt die Abweichungen von dem Gesichtspunkte aus betrachten, ob durch ihre Vernachlässigung unser Vergleich der elektromotorischen Oberflächen der Vorrichtungen mit der des Blattes ist mit wesentlichen Fehlern belastet worden. So dürfen wir nun rasch darüber hinweggehen, dass wir als äusseren Rand immer die beiden gleichen Sehnen genommen haben an Stelle der, übrigens oft nur wenig grösseren Bögen, und dass unsere Vorrichtungen die Wölbungen haben vermissen lassen, welche das ganze Blatt in der Richtung von vorn nach hinten und jeder Blattflügel überdies zwischen dem inneren und dem äusseren Rande zeigt; denn die Beseitigung dieser Abweichungen an unseren Vorrichtungen hätte offenbar nur unbedeutende und, bei der Genauigkeit unserer Bestimmungen, nicht der Rede werthe Verzerrungen der elektromotorischen Oberflächen zur Folge gehabt.

Und auch nicht viel länger brauchen wir zu verweilen bei den anderen Abweichungen, welche in der eigenthümlichen Verbindung der Blattflügel mit der Mittelrippe begründet sind.

Die Mittelrippe unseres Blattes verläuft in einem nach unten concaven Bogen, und nicht an ihren Seiten, sondern an ihrer oberen Convexität inseriren sich, etwa rechtwinkelig zu einander, die beiden Blattflügel, so dass der innere Rand jedes Blattflügels einen nach aussen convexen Bogen bildet, ähnlich wie der äussere Rand, der jedoch stärker gekrümmt ist. Dies haben unsere flach ausgebreiteten Vorrichtungen nicht wiedergeben können, die nur berücksichtigten, was nicht minder charakteristisch für das Blatt ist, dass der vordere und der hintere Rand des Blattflügels unter rechten Winkeln von der Mittelrippe abgehen und beträchtlich kürzer sind als die mittelste Querlinie des Blattflügels, und bei welchen weiter, da der innere Rand des Seitentheiles der Vorrichtung geradlinig angenommen wurde, für die seitliche Begrenzung die Krümmung des inneren Randes des Blattflügels von der Krümmung seines äusseren Randes in Abzug gebracht war. Dadurch ist die Lage der Seitentheile gegen die sie verbindende Mitte an der Vorrichtung eine andere gewesen als am Blatte; dadurch sind zweitens an der Vorrichtung alle Längslinien zwischen den äusseren Enden der vorderen und der hinteren Ränder von gleicher Länge gewesen und die Querlinien einander parallel verlaufen, während am Blatte die dem inneren Rande des Blattflügels parallelen Längslinien nach aussen hin an Länge wachsen und die Querlinien nach aussen hin divergiren; dadurch endlich ist es gekommen, dass die Höhe oder Dicke unserer Vorrichtungen in deren ganzer Ausdehnung die gleiche war, während jeder Blattflügel von der Mitte seines inneren Randes aus nach vorn und nach hinten, wie auch besonders nach aussen hin an Dicke abnimmt. Hervorzuheben ist aber, dass mit diesen Abweichungen nicht die mindeste Verschiedenheit in der Lage aller Stränge, Zellen, Axen u. s. w. zu den Blattflächen und zu der Mittelrippen-Axe, wie wir sie vorher unseren Untersuchungen zu Grunde legten, verknüpft ist. Sondern es divergiren nur die pfeilerartigen Seitennerven, die Reihen der Epidermiszellen und die Querreihen der Zellen des Blattflügel-Parenchyms in der Wirklichkeit nach aussen hin, statt einander parallel zu verlaufen, wie wir es vorher annahmen; und die so entstehenden Zwischenräume werden bei der Epidermis durch neu hinzutretende Zellenreihen, beim Parenchyme dadurch ausgefüllt, dass die dicht an der Mittelrippe über einander gelagerten Zellenreihen sich nach aussen hin zum Theil neben einander schieben[1]).

Wenn wir diese Abweichungen an unseren Vorrichtungen, der Natur derselben angemessen, beseitigen, wenn wir die Bleche passend biegen und zuschneiden, die Cylinder und Cylinderreihen nach Bedürfniss nach aussen convex krümmen oder nach aussen hin divergiren lassen und im letzteren Falle die Zwischenräume mit unwirksamem feuchten Leiter oder mit neuen Cylindern und Cylinderreihen erfüllen, wenn wir die Höhe in der erforderlichen Weise wachsen lassen durch die Zunahme der unwirksamen Flüssigkeit allein oder auch durch die Vermehrung der über einander befindlichen metallischen Theile u. s. w., so führen uns die mühsamen Prüfungen, die genauer durchzugehen nicht lohnt, zu dem einfachen Resultate, dass Alles beim Alten bleibt. Weder erweisen sich die vorher unzutreffend befundenen Vorrichtungen jetzt zutreffend für das Blatt hinsichts der elektromotorischen Oberfläche, noch stillt sich die Aehnlichkeit, welche die Oberflächen der Vorrichtungen Figg. 20 *A*, *B* und *C* mit der des Blattes darboten, jetzt irgend wesentlich gegen früher verringert heraus. Und das Letztere, das eigentlich allein sich ernstlich hätte bezweifeln lassen, stimmt denn auch durchaus mit der Einsicht überein, die auf einem anderen, viel bequemeren Wege sich gewinnen lässt. Da die elektromotorische Oberfläche, so genau wir dieselbe kennen lernten, am geschlossenen Blatte die gleiche ist wie am mehr oder weniger offenen Blatte, also unverändart bleibt, während der Winkel, den die Blattflügel mit einander bilden, von c. 30° auf c. 90° wächst, so kann es für dieselbe auch Nichts ausmachen, wenn wir jenen Winkel in

1) Die Zahl der über einander gelagerten „inhaltlosen" Zellen, wie Hr. Kurtz sie nennt, des Blattflügel-Parenchyms nimmt von der Mittelrippe zum äusseren Rande hin von 6—7 auf 3—4 ab.

Gedanken weiter von 90° auf 180° wachsen lassen, so dass das Blatt ebenso flach ausgebreitet wäre wie unsere Vorrichtung. Wir finden ferner an jungen Blättern, die eben sich zu öffnen begonnen haben, die Mittelrippe noch gerade und den Blattflügel von überall gleicher Dicke; und erst mit dem weiteren Wachsen der Blätter bilden sich die Krümmung der Mittelrippe und der Dickenunterschied am Blattflügel mehr und mehr aus, bis beide endlich am vollentwickelten grossen Blatte eine ansehnliche Grösse erlangt haben. Doch ist es so nur bei den hiesigen und den amerikanischen Dionaeen; bei den englischen Dionaeen ist die Mittelrippe immer viel weniger und auch an den grössten Blättern nur mässig gekrümmt, und der Dickenunterschied am Blattflügel ist selbst an den letzteren Blättern nur schwer zu constatiren. Dem entsprechend zeigt sich auch an unseren und den amerikanischen Dionaeen die Verlängerung des Blattflügels nach aussen hin, wenn das Blatt nicht noch sehr klein ist, regelmässig sehr deutlich und oft sogar in beträchtlicher Grösse, während bei den englischen Dionaeen nicht selten selbst das grosse Blatt mehr viereckig, an Gestalt wirklich unseren Vorrichtungen ähnlich sich darstellt[1]). Allen diesen Verschiedenheiten gegenüber ist aber unsere elektromotorische Oberfläche des Blattes an alten wie an jungen Blättern, bei hiesigen und amerikanischen wie bei englischen Dionaeen immer in gleicher Weise anzutreffen, und es können daher jene wechselnden Verhältnisse nicht von Einfluss auf die Oberfläche sein.

Die Abweichungen, welche die Gestalt unserer Vorrichtungen von der des Blattes darbot, hatten mithin allesammt Nichts zu besagen. Doch ist die Verfolgung derselben nicht so ganz unfruchtbar gewesen, wie es im Augenblicke scheinen kann, da sie uns in einem wesentlichen Punkte zu einer Berichtigung unserer Anschauungen verhilft. Wir haben uns bei der Betrachtung unserer Vorrichtungen immer an die obere und die untere Fläche bis zu deren Rändern gehalten und

1) S. Fig. 1, *a* und *b*, *c* und *d*. Vergl. auch Darwin, Ins. Pl. Fig. 12 p. 287.

sind nie auf die Schmalseiten, die Querschnitte, wie sie heissen mögen, übergegangen, unter der stillschweigenden Voraussetzung, dass wir auch bei unseren Bestimmungen am Blatte immer auf den grossen Flächen der elektromotorisch wirksamen Partieen uns bewegt hatten und nie vor deren Querschnitte gekommen waren. Traf die Voraussetzung nicht zu, kam etwa der unwirksamen Schicht an den Rändern des Blattes eine solche Breite zu, dass wir bei gewissen äussersten Bestimmungen am Blatte uns bereits vor den Querschnitten befunden hatten, so konnte doch dadurch kein Fehler in unseren Ueberlegungen bedingt sein. Denn wie die Durchmusterung unserer Vorrichtungen lehrt, wären dadurch nur neue Richtungen der Kräfte in den Längslinien vor den äusseren Querschnitten der Vorrichtungen Figg. 18 und 19, in den Querlinien vor den vorderen und hinteren Querschnitten der Vorrichtungen Figg. 22, 23 und 24 anzumerken gewesen; und alle diese Vorrichtungen stellten sich doch schon aus anderen Gründen sehr bald als unbrauchbar für unsere Zwecke heraus. Indem so nicht einmal in der vergleichenden Betrachtung der Flächen und der Querschnitte ein Hülfsmittel sich uns darbot, die Breite der unwirksamen Schicht an den Rändern des Blattes zu ermitteln, durften wir um so eher es uns ersparen, mit solcher Betrachtung die ohnedies schwierige Darlegung noch unnütz zu erschweren. Jetzt ist es auch auf das Bestimmteste zu sagen, dass wir an den Rändern des Blattes nie vor die Querschnitte der elektromotorisch wirksamen Partieen gekommen sind, da das Blattflügel-Parenchym an dem vorderen und dem hinteren Rande des Blattflügels bis an die Epidermis reicht, und da andererseits unsere Elektroden nie über dem Parenchyme des äusseren Randes allein oder auf den Randstacheln aufgesetzt waren. Aber, was nicht an den Rändern, das ist, wo man es von vorne herein am wenigsten erwarten mochte, gerade in der Mitte des Blattes der Fall. In Folge der eigenthümlichen Insertion der Blattflügel an der Mittelrippe sind unsere Bestimmungen an dieser, wie ohne Weiteres erhellt, da die Elektroden immer die Mitte der unteren Fläche der Mittelrippe berührten, nicht an den inneren Rändern der Flächen der Blattflügel-Parenchyme oder doch dicht bei denselben, sondern geradezu vor den Querschnitten der Blattflügel-Parenchyme gemacht[1]). Dass somit unsere Betrachtung der Längsmittellinie an den Vorrichtungen für die Mittelrippe nicht zutrifft, ist nicht weiter von Belang. Denn wenn wir uns auch die Längsmittellinien aller unserer Vorrichtungen, welche die unwirksame mittlere Lücke zeigten, vor den Querschnitten der metallischen Theile gelegen denken, so wird doch dadurch nirgends eine Uebereinstimmung der elektromotorischen Oberfläche der Vorrichtung mit der des Blattes erzielt, wo wir die Uebereinstimmung sonst vermissten; und bei den Vorrichtungen Figg. 20 *A*, *B* und *C* sehen wir dann nur in der Längsmittellinie zu den vorn auf-, hinten absteigenden schwächeren Kräften, welche durch die Neigungsströme bedingt sind, mit gleichen Richtungen die stärkeren Kräfte des Querschnittes hinzutreten. Aber es ist doch eine besonders für die Folge werthvolle Einsicht, welche wir gewonnen haben, dass unsere Bestimmungen an der Mittelrippe die Querschnitte, alle unsere anderen Bestimmungen die Flächen der Blattflügel-Parenchyme betreffen.

Es ist also jetzt nach allen Seiten gesichert, dass die elektromotorische Oberfläche des Blattes aus den Kräften des Blattflügel-Parenchyms und der beiden Mittelrippen-Parenchyme re-

---

1) Ohne die genauere Untersuchung des Blattes kann man sich von den in Betracht kommenden Verhältnissen auf folgende Weise eine richtige Vorstellung verschaffen. Man lege die beiden Hände mit gestreckten und adducirten Fingern so an einander, dass die Radialränder der Daumen sich berühren, ferner die Radialränder der Zeigefinger nach deren Spitzen hin einander immer näher kommen, aber nicht bis zur Berührung, endlich die Volarflächen der Hände etwa einen rechten Winkel mit einander bilden. Es sind dann die beiden Blattflügel durch die Hände ohne die Daumen repräsentirt und die Mittelrippe durch die beiden Daumen, die man nur noch unten verdickt sich zu denken hat und nach oben hin unter Verjüngung so verlängert, dass der Zwischenraum der Zeigefinger verdeckt ist. Wo die Dorsalflächen beider Daumen zusammenstossen, würden unsere Elektroden die Mittelrippe berührt haben.

sultirt, aus Kräften, welche immer der langen Axe der Zellen parallel und gerade so angeordnet sind, wie die Kräfte der Cylindermassen in den seitlichen Hälften der Vorrichtung Fig. 20 *A*. Ob dabei auf die einzelne Parenchymzelle immer nur zwei elektromotorische Flächen entfallen oder mehr solche Flächen — natürlich in gerader Anzahl, mit anderen Worten, ob die einzelne Parenchymzelle hinsichts ihrer Kräfte einem einzigen Metallcylinder der Vorrichtung oder einer ganzen Gruppe solcher Cylinder entspricht, das hat sich nicht ausmachen lassen. Da die einzelnen Zellen klein genug sind gegen die Berührungsflächen des unwirksamen leitenden Bogens, um auch an die letztere Möglichkeit denken zu lassen, haben wir von Anfang an bei unserer Untersuchung beide Möglichkeiten im Auge behalten, und überall haben sich beide Möglichkeiten als gleich zulässig herausgestellt. Aber wir haben bisher immer einen Umstand vernachlässigt, der hier gerade eine besondere Beachtung verdient. Während nämlich die Cylinder der Vorrichtung Fig. 20 *A* sämmtlich von gleicher Grösse sind und nach allen Dimensionen der Vorrichtung regelmässig in Reihen geordnet sind, sehen wir die Zellen des Blattflügel-Parenchyms, an das wir uns zunächst allein halten wollen, von ungleicher Grösse und nur zu Querreihen regelmässig angeordnet, nach der Länge und der Dicke des Blattes aber mehr oder weniger unregelmässig aneinandergelagert. Tragen wir diesem Verhalten Rechnung und setzen wir jede einzelne Zelle mit denselben Kräften ausgestattet wie den einzelnen Metallcylinder, so können sich die elektrischen Wirkungen zweier benachbarter Zellen, die verschiedenen Querreihen angehören, dort wo die Zellen aneinanderstossen, nicht so vollkommen aufheben, wie es bei den Cylindern unserer Vorrichtung der Fall ist; und deshalb kann auch, im Gegensatze zu dem, was für unsere Vorrichtung gültig ist, die elektromotorische Oberfläche der ganzen Zellenmasse nicht ausschliesslich aus den Spannungsdifferenzen einerseits der freien Pole, andererseits der freien Mantelflächen der äussersten, an der Grenze der Zellenmasse gelegenen Zellen resultiren. Da aber demnach, wenn nur zwei elektromotorische Flächen auf jede Zelle entfielen, die Ueberlegung und die Beobachtung verschiedene elektromotorische Oberflächen für das Blatt ergäben, so scheint es gar nicht anders sein zu können, als dass zahlreiche Metallcylinder der einzelnen Zelle entsprechen, für welchen Fall die unregelmässige Anordnung der Zellen ohne jede Bedeutung ist.

Indess bei näherer Betrachtung gestalten sich die Dinge anders. Denken wir uns in der 1., 3., 5. u. s. f. in jeder ungeraden Querreihe der Metallcylinder der Vorrichtung Fig. 20 *A*, durch die Verlängerung des einen und die entsprechende Verkürzung des anderen Schlusscylinders, die Cylinder alle um $^1/_2$ oder $^1/_3$ oder $^1/_4$ u. s. w. der Cylinder-Länge gegen die Cylinder der geraden Reihen verschoben, so werden dadurch allerdings neue und zwar je nach der Grösse der Verschiebung verschiedene Spannungen an der Oberfläche der Vorrichtung hinzutreten; aber diese Spannungen werden, weil die elektrischen Wirkungen der Cylinder je zweier benachbarter gerader resp. ungerader Reihen immer inmitten ihres Abstandes sich vollkommen aufheben müssen, für die elektromotorische Oberfläche doch nicht mehr leisten, als dass in der Richtung von vorn nach hinten in regelmässiger Wiederkehr ein ganz kurzes, immer über die Breite zweier Querreihen ausgedehntes Schwanken oder Wogen der Spannungen, ein An- und Absteigen derselben, neu auftritt. Ebenso wird es sein, wenn wir die Verschiebung, mit Uebergehung einer grösseren Anzahl von Querreihen, blos die 1., 4., 7. oder die 1., 5., 9. Querreihe u. s. w. betreffen lassen, nur dass dann das Wogen der Spannungen auch über die Breite von 3 resp. 4 und überhaupt entsprechend mehr Querreihen sich erstrecken wird. Und wenn wir die 1. Querreihe gegen die 2., die 2. gegen die 3. Querreihe u. s. f. in der Weise verschoben setzen, dass die Verschiebung jedesmal einen anderen Bruchtheil der Cylinder-Länge beträgt, bis dann die 4. oder die 5. oder eine spätere Querreihe wieder der 1. Querreihe entspricht und nunmehr Alles wie vorhin sich wiederholt, u. s. w., so wird auch dadurch nur ein regelmässig wiederkehrendes Wogen der Spannungen der Oberfläche in einer Ausdehnung, welche dem Abstande der einander entsprechenden Querreihen gleichkommt, bewirkt sein. Daraus folgt dann, dass bei unseren Bestimmungen der elektromotorischen Oberfläche, wenn die Berührungsflächen des unwirksamen Bogens den Abstand der einander entsprechenden Querreihen an Grösse übertreffen, von allem jenen Wogen ebensowenig etwas zur Beobachtung kommen wird, wie sich an der Vorrichtung Fig. 20 *A* das Wogen der Spannungen über jedem einzelnen Cylinder bemerklich macht: die mittlere Spannung, welche durch die Verschiebung der Querreihen bedingt ist, wird an beiden Berührungsflächen dieselbe sein, und hervortreten wird deshalb nur, gerade so wie bei der Vorrichtung Fig. 20 *A*, die Spannungsdifferenz, welche für die abgeleiteten Stellen durch den Strom gesetzt ist, der durch den umhüllenden feuchten Leiter von den freien Grundflächen zu den freien Mantelflächen der Cylinder fliesst[1]). Nun wird freilich bei unseren Zellen des Blattflügel-Parenchyms eine solche Regelmässigkeit in der Verschiebung der Querreihen gegen einander, wie wir sie eben bei den Metallcylindern voraussetzten, nicht gefunden, und wir sehen sogar öfters schon innerhalb zweier benachbarter Querreihen, in Folge der ungleichen Länge der Zellen, die Verschiebungen mehrfach an Grösse wechseln; aber in dem Wechsel der Verschiebungen besteht doch auch eine Regelmässigkeit, da derselbe überall in ohngefähr gleicher Weise sich wiederholt. Daher ist, wenn die grossen, viele Querreihen umfassenden Berührungsflächen unseres unwirksamen Bogens an zwei Stellen *A* und *B* des Blattes sich befinden, hinsichts der durch die Verschiebungen der Zellen bedingten mittleren Spannung eine sehr hohe Wahrscheinlichkeit dafür vorhanden, dass dieselbe bei *A* ebensogross ist wie bei *B*, oder dass sie doch bei *A* nur so wenig grösser oder kleiner ist als bei *B*, dass die dadurch bewirkte Spannungsdifferenz in die Fehlergrenzen unserer Bestimmungen fällt oder gar nicht in Betracht kommt gegenüber der anderen Spannungsdifferenz zwischen *A* und *B*, welche durch den Strom gesetzt ist, der

1) Vergl. für diese Betrachtungen: Helmholtz, Pogg. Annal. Bd. 89. 1853. S. 371 ff. — E. du Bois-Reymond, im Archiv für Anatomie, Physiologie u. s. w., 1863, S. 581 ff.

durch den die Zellenmasse umgebenden Leiter von den freien Polen zu den freien Mantelflächen der Zellen fliesst. Es schliessen somit die Verschiebungen der Zellen-Querreihen es gar nicht aus, dass nur zwei elektromotorische Flächen der einzelnen Parenchymzelle zukommen, da auch für diesen Fall die elektromotorische Oberfläche unseres Blattes, so genau sie uns bekannt geworden ist, in der dargelegten Weise sich ableiten lässt.

Was ich eben für die neben einander gelegenen Querreihen der Zellen des Blattflügel-Parenchyms entwickelt habe, das gilt natürlich dann erst recht für die in der Dicke des Blattes unter einander befindlichen Querreihen, da hier die durch die Zellen-Verschiebungen bedingten mittleren Spannungen an den Berührungsflächen, in Folge des wachsenden Abstandes der Querreihen von diesen Flächen, überhaupt kleiner als im ersten Falle sein müssen. Und dieselben Betrachtungen lassen sich endlich auch auf diejenigen Verschiebungen übertragen, welche sich an den Vertical- resp. Längsreihen der Zellen in den beiden Mittelrippen-Parenchymen zeigen, wenn es überhaupt der Mühe werth erscheint, von diesen Verschiebungen Notiz zu nehmen. So dass es, Alles zusammengenommen, sich herausstellt, dass es trotz der Verschiedenheiten, welche die Cylinderreihen der Vorrichtung und die Zellenreihen des Blattes in ihrer Anordnung darbieten, doch sehr wohl mit unserer Ableitung der elektromotorischen Oberfläche des Blattes sich vereinen lässt, dass die einzelne Parenchymzelle hinsichts ihrer Kräfte dem einzelnen Metallcylinder entspricht.

Wenn danach aber den beiden Möglichkeiten, welche in Frage stehen, auf Grund der vorliegenden Erfahrungen die gleiche Berechtigung zusteht, so können wir keinen Augenblick im Zweifel darüber sein, für welche Möglichkeit wir uns zu entscheiden haben. Eine zahlreiche Gruppe von elektromotorischen Flächen-Paaren für die einzelne Zelle angenommen, würden die elektrischen Kräfte an gleichartige kleine Theile des Zelleninhaltes geknüpft sein, an Theile, von welchen wir noch gar Nichts wissen, und deren weitere physiologische Untersuchung Schwierigkeiten begegnen müsste, die vorläufig ganz unabsehbar sind. Dagegen haben wir an der Zelle selber einen morphologisch wohldefinirten Organismus, dessen Physiologie bereits in mancher Hinsicht uns bekannt ist, der der ferneren physiologischen Prüfung zugänglich ist, und an dem sich sogar die Frage nach der Quelle der elektrischen Kräfte auf begründete Voraussetzungen hin sogleich weiter in Angriff nehmen liesse. Unter diesen Umständen müssen wir offenbar, jede unnöthige Hypothese vermeidend, der näher liegenden Möglichkeit den Vorzug geben und, so lange nicht Thatsachen dagegen sprechen, die einzelne Parenchymzelle dem einzelnen Metallcylinder entsprechen lassen.

So sind wir zum natürlichen Abschlusse der lang ausgedehnten Untersuchung, deren Ergebniss jetzt mit zwei Worten zu sagen ist, gelangt und können die Frage, woher die elektromotorischen Wirkungen unseres Blattes stammen, einfach dahin beantworten: **Die ohngefähr cylindrischen Zellen des Blattflügel-Parenchyms und der beiden Mittelrippen-Parenchyme sind mit Kräften ausgestattet der Art, dass die positive Elektricität von der Mitte der Zelle nach jedem der beiden Pole hingetrieben wird, die Pole positiv sind gegen die Mitte.**

Mit diesem Erfolge verlassen wir das ruhende Blatt und wenden uns dem Studium zunächst der Bewegungen des Blattes zu.

§. 5. Von der Mechanik der Reizbewegung des Dionaea-Blattes.

Die Bewegungen unseres Blattes sind von zweierlei Art: Reizbewegungen und Resorptionsbewegungen. Die letzteren sind die selteneren und kommen für sich allein blos dann zur Beobachtung, wenn man irgendwo auf die obere Blattfläche, die sensiblen Haare ausgenommen, recht behutsam ein Stückchen Fleisch, Eiweiss u. dgl. auflegt. Alle sonstigen Bewegungen des Blattes sind Reizbewegungen. Ist nach der Reizbewegung ein Insekt, ein Stück Fleisch u. dgl. im Blatte verblieben, so schliesst sich an die Reizbewegung, doch deutlich von derselben geschieden, die Resorptionsbewegung an.

Bei der Reizbewegung vollzieht sich die Schliessung des Blattes sehr rasch nach der Reizung, längstens etwa in einer Minute, und zwar so, dass — für die Beobachtung ohne besondere Hülfsmittel — die beiden Blattflügel gleichmässig und überhaupt alle Theile des Blattes gleichzeitig sich bewegen.. Das geschlossene Blatt hat, gleichviel wo die Reizung erfolgt ist, immer dieselbe bohnenartige Gestalt, indem die Blattflügel regelmässig nach aussen convex sind, und behält diese Form vom Momente der Schliessung an unverändert bei, bis es sich wieder öffnet. Die Oeffnung beginnt nach einigen Stunden und ist nach 24—36 Stunden vollendet: auch bei ihr bewegen sich die beiden Blattflügel gleichmässig und überhaupt alle Theile des Blattes gleichzeitig. Sobald die Oeffnung des Blattes begonnen hat, ist das Blatt wieder so, wie vorher, der Reizbewegung fähig, und selbst eine grosse Zahl von Reizbewegungen ist ohne merklichen Nachtheil für das Leben des Blattes[1]).

Bei der Resorptionsbewegung erfolgt die Schliessung des Blattes sehr langsam: sie beginnt sichtlich erst einige Stunden, nachdem die Ursache gesetzt ist, und schreitet ganz allmählich vor, so dass sie erst nach 1—2 Tagen vollendet ist. Dabei bewegen sich die beiden Blattflügel ungleichmässig und überhaupt alle Theile des Blattes ungleichzeitig, in Abhängigkeit von dem Orte des Angriffes, an welchem die Bewegung anhebt, und von welchem aus sie sich verbreitet. Die Gestalt des geschlossenen Blattes ist eine unregelmässige und vielfach verschiedene; jedenfalls wird stellenweise die Convexität der Blattflügel vermisst, die dort abgeflacht oder sogar concav erscheinen. Erst nach mehreren Tagen beginnt die Oeffnung des Blattes, und sie bedarf wiederum mehrerer Tage zu ihrer Vollendung; auch hier erfolgen die Bewegungen der verschiedenen Theile des Blattes ungleichzeitig, indem die bei der Schliessung vorangeeilten Theile bei der Oeffnung nachfolgen. Während das Blatt sich öffnet, ist dasselbe gar nicht oder nur sehr schwach der Reizbewegung wie der Resorptionsbewegung fähig. Oft

1) Ich habe die für meine Versuche am besten geeigneten Blätter wohl 30 Male und öfter zur Schliessung gebracht und sich wieder öffnen sehen.

schon mit der ersten, regelmässig aber mit der zweiten oder dritten Resorptionsbewegung geht das Blatt zu Grunde, indem es sich gar nicht mehr öffnet und abstirbt.

Schliesst sich an die Reizbewegung die Resorptionsbewegung an, so verliert das Blatt einige Stunden nach der Schliessung die Bohnenform, indem die convexen Blattflügel stellenweise sich abflachen oder sogar concav werden, und es nimmt so allmählich eine unregelmässige Gestalt an, besonders abweichend da, wo der Fremdkörper im Blatte gelegen ist. Tritt andererseits, nachdem die Resorptionsbewegung begonnen hat und eine Weile fortgeschritten ist, ein Anlass zur Reizbewegung hinzu, so vollführen diese Bewegung die bis dahin der Resorptionsbewegung fern gebliebenen Theile des Blattes so wie sonst, die vorher bewegten Theile aber nur unvollkommen; und indem später auch hier streckenweise die Convexität der Blattflügel sich verliert, wird die Gestalt des Blattes eine ebenso unregelmässige, wie beim vorigen Blatte. Beide Male verhält sich dann übrigens in der Folge das Blatt nicht anders, als wenn allein die Resorptionsbewegung vorläge.

Hrn. Darwin verdanken wir die Kenntniss der beiden Bewegungsarten des Blattes, die vorher confundirt worden waren. Fast Alles, was ich anführte, hat schon Hr. Darwin hier und da zerstreut angemerkt, und er hat besonders auch die Verschiedenheit der Ursachen und der Geschwindigkeit von beiderlei Bewegungen betont[1]). Trotzdem hat Hr. Darwin wie mir scheinen will, die beiden Bewegungsarten noch nicht genügend auseinandergehalten. In nichts Anderem stimmen dieselben mit einander überein, als dass es zu einer Schliessung und Oeffnung des Blattes kommt, in einer Aehnlichkeit also, die in der beschränkten Bewegungssphäre des Blattes ihre ausreichende Erklärung findet. Dagegen erweisen sie sich, wie ich sie eben zusammenhielt, in ihrem Auftreten ganz unabhängig von einander und durchaus verschieden in ihren Ursachen, ihrem Ablaufe, ihren Folgen für das Blatt. Man denke sich den Muskel eines lebenden Thieres ein Mal von einem Inductionsstrome

1) Ins. Pl. p. 294—5; 298; 308—9; 365.

durchsetzt, ein anderes Mal mit einer die Muskelsubstanz angreifenden Flüssigkeit bepinselt, und man hat in der Verschiedenheit der Muskelbewegungen ein Analogon für die Verschiedenheit der Blattbewegungen. Beide Male verkürzt sich der Muskel, denn seiner Constitution gemäss vermag er nur auf diese Weise den Angriff zu beantworten; aber, wie die Ursachen, so sind auch die Verkürzungen und die Folgen für den Muskel sehr verschiedene. Eine gewisse Aehnlichkeit werden die inneren Vorgänge im Muskel allerdings beide Male haben, weil eben dieselbe contractile Substanz mit ihren bestimmten Eigenschaften beide Male angegriffen ist, aber bei dieser Aehnlichkeit werden doch die inneren Vorgänge noch weit auseinandergehen. Ebenso werden die Vorgänge im Blatte bei beiderlei Bewegungen, soweit es sich um die betroffenen Gewebe, gewisse Veränderungen derselben und die Ausbreitung der Veränderungen handelt, dieselben sein können; im Uebrigen aber werden sie weit auseinanderfallen müssen, und zwar nicht etwa blos quantitativ, sondern auch qualitativ. Offenbar kommen bei der Reizbewegung nur die inneren Kräfte des Blattes zur Entwickelung, während bei der Resorptionsbewegung noch durch die Einwirkung von aussen chemische Veränderungen im Blatte gesetzt sind. Das geht schon zur Genüge aus der gegebenen Charakteristik der Bewegungen hervor, es ergiebt sich aber auch ausserdem noch daraus, dass Hr. Darwin bei der Resorptionsbewegung, nicht bei der Reizbewegung, an den Zellen der Scheibendrüsen die „Aggregation“ des Protoplasma's gefunden hat[1]). Und dasselbe lehren die elektrischen Erscheinungen am Blatte: im Gegensatze zu dem, was wir oben (S. 41) für den Fall der Reizbewegung an dem geschlossenen und sich wieder öffnenden Blatte fanden, zeigt das mittelst der Resorptionsbewegung in der Schliessung begriffene, geschlossene oder sich wieder öffnende Blatt die elektromotorische Oberfläche ganz anders beschaffen als das normale offene Blatt, in unregelmässiger, vielfach wechselnder Weise abweichend, den Strom zwischen den Mittelrippen-Enden häufig umgekehrt.

---

1) Ins. Pl. p. 299—300.

Nach Meyen[1]) und Hrn. Asa Gray[2]) sollen sich die Blattflügel unseres Dionaea-Blattes des Abends wie nach einer Reizung zusammenlegen und des Morgens wieder ausbreiten. Derartige Bewegungen habe ich nicht bemerkt, und ich möchte glauben, dass höchstens solche Lageveränderungen der Blattflügel statthaben, welche ohne feinere Hülfsmittel der Beobachtung leicht übersehen werden. Sind solche periodischen oder Variations-Bewegungen wirklich vorhanden, so geben sie eine dritte Art der Bewegungen des Dionaea-Blattes ab, die der Reizbewegung näher steht als die Resorptionsbewegung.

Die gesonderte Untersuchung, deren nach dem Gesagten die Resorptionsbewegung bedarf, habe ich nicht ausgeführt, und es ist in der vorliegenden Mittheilung überall, wo eine Bewegung des Blattes in Frage kommt, die Reizbewegung zu verstehen. Es ist demgemäss auch allein diese Bewegung, welche wir jetzt noch eingehender verfolgen wollen.

Als reizbare Theile des Blattes sind allgemein bekannt die Haare der oberen Blattseite, welche in der Regel zu dreien auf jedem Blattflügel sich finden. Ihnen sollte auch nach Edwards und Curtis (s. o. S. 3; 10) ausschliesslich die Reizbarkeit zukommen, und Berührung oder Pressung des Blattes an jeder anderen Stelle sollte wirkungslos sein. Dagegen schreibt schon Hr. Asa Gray nur hauptsächlich den Haaren und daneben noch der Mittelrippe die Reizbarkeit zu[2]), und deutlich weist Hr. Darwin auf die Existenz noch anderer reizbarer Theile hin. „The surface of the blade," sagt Hr. Darwin[3]), „is very slightly sensitive; it may be freely and roughly handled, without any mouvement being caused. A leaf was scratched rather hard with a needle, but did not close; but when the triangular space between the three filaments on another leaf was similarly scratched, the lobes closed. They always closed when the blade or midrib was deeply pricked or cut. . . . The footstalk is not

1) Neues System der Pflanzen-Physiologie. Bd. III. Berlin 1839. S. 545.

2) The Genera of the Plants of the United States. Vol. I. Boston 1848. p. 196.

3) Ins. Pl. p. 294—5.

in the least sensitive; a pin may be driven through it, or it may be cut off, and no movement follows.“ In der That ist die Reizbarkeit sehr weit über das Blatt verbreitet, und ihr Sitz lässt sich folgendermassen genauer bestimmen.

Abschneiden des Blattstieles führt, entsprechend Hrn. Darwin's letzten Worten, keine Bewegung am Blatte herbei. Ebenso erweist sich wirkungslos Durchschneiden des Zwischengliedes zwischen Blatt und Stiel, so lange nicht der eine Scheerenarm die untere Grenze der Blatt-Mittelrippe erreicht, wo unter der Epidermis der Oberseite die Verticalreihen der Parenchymzellen auftreten. Es bleibt ferner die Bewegung des Blattes aus, wenn man die Randstacheln abträgt, oder wenn man zugleich mit diesen den grösseren Theil der Wülste, welche die Stacheln entlassen, und zwischen den Randstacheln einen ganz schmalen Saum des freien äusseren Randes des Blattes abschneidet. Sonst aber bringt jeder Schnitt durch die Dicke des Blattes, gleichviel wie lang und wo, das Blatt zur Schliessung.

Leichter Druck auf das Blatt, wie er z. B. mit dem vorsichtigen Anlegen der Thonspitzen verknüpft ist, führt nirgends die Reizbewegung herbei. Dagegen genügt an der oberen Seite der Mittelrippe und, in der Ausdehnung des Blattflügel-Parenchyms, an der oberen Seite des Blattflügels überall schon ein etwas stärkerer Druck, um die Reizbewegung zu veranlassen. An der übrigen Blatt-Oberfläche ist selbst ein viel stärkerer Druck ganz wirkungslos, und nur wenn der Druck so wenig localisirt bleibt, dass die Blattflügel sichtlich einander genähert oder von einander entfernt werden, kommt es dann zur Schliessung. Ritzt man mit der sehr spitzen Nadel oder dem sehr scharfen Messer die obere Blattfläche innerhalb der angegebenen Grenzen, so geht das Blatt sofort zu; dagegen tritt keine Bewegung ein, wenn man ebenso an der übrigen Blatt-Oberfläche verfährt. Man muss von der unteren Seite des Blattflügels aus erst ziemlich tief und noch tiefer von der unteren Seite der Mittelrippe aus einstechen oder einschneiden, um Bewegung zu erzielen. Am äusseren Rande des Blattes und an den Randstacheln hat, wie gesagt, selbst Durchschneiden keinen Erfolg.

Aus diesen Erfahrungen geht klar hervor, dass die obere Partie des Blattflügel-Parenchyms und das obere Mittelrippen-Parenchym oder wenigstens dessen obere Partie die reizbaren Theile des Blattes sind. Und damit lässt sich die Reizbarkeit der Haare in innige Verbindung bringen. Das Haar zeigt auf einem kurzen knopfförmigen Vorsprunge des oberen Blattflügel-Parenchyms, der die Basis abgiebt, einen ca. 10mal längeren conischen Aufsatz, der bis auf das Fehlen des Gefässbündels einem dünnen Randstachel gleicht. Das Gelenk an der verengten Stelle der Basis, von welchem Hr. Darwin spricht, und welches das Haar vor dem Abbrechen bei der Schliessung des Blattes schützen sollte[1]), existirt in der Wirklichkeit nicht; vielmehr ist nur am offenen Blatte die Basis des Haares steif, und sie erschlafft bei der Reizbewegung, so dass die verminderte Biegungsfestigkeit derselben dann das Umlegen des Haares gestattet. Man kann nun vom Haare mit einer feinen scharfen Scheere von der Spitze nach der Basis hin Stücke abschneiden, ohne die Reizbewegung hervorzurufen, bis man in die Nähe des knopfförmigen Vorsprunges des Blattflügel-Parenchyms gelangt, dessen Berührung sofort das Blatt zum Schliessen bringt. Auch gelingt es sehr gut, die oberen Partieen des Haares für sich allein zu biegen, ohne dass das Blatt sich bewegt; während jede ähnliche Biegung, jeder Zug, jede Zerrung des Haares, die einige Dehnung der Basis mit sich bringen, gleichviel ob der Angriffspunkt an der Spitze oder tiefer gelegen ist, zur Schliessung des Blattes führen. Von einer Reizbarkeit des ganzen Haares und von einer Leitung der Reizung von seiner Spitze aus[2]) kann sonach nicht die Rede sein. Sondern zweifellos ist allein reizbar auch am Haare, gerade so wie sonst, das obere Blattflügel-Parenchym, und es ist nur die Reizung am Haare dadurch erleichtert, dass man auf die betreffende Partie des reizbaren Parenchyms mittelst eines langen, freilich biegsamen Hebelarmes zu wirken im Stande ist.

Liess Hr. Darwin Wasser oder Zuckerlösung in Tropfen aus einiger Höhe auf die Haare fallen, so schlossen sich die

1) Ins. Pl. p. 288. 2) Darwin, Ins. Pl. p. 288; 314.

Blätter nicht; und ebenso blieb die Bewegung aus, wenn er mit möglichst grosser Kraft durch eine feine spitze Röhre auf die Haare blies. In dieser Wirkungslosigkeit der Flüssigkeiten, wie Luft und Wasser, gegenüber den festen Körpern ist nach Hrn. Darwin eine Eigenartigkeit der Reizbarkeit der Haare zu erkennen, der gemäss die Pflanze auch nicht zwecklos von Regenschauern und Windstössen afficirt werde[1]). Ich kann Hrn. Darwin aber hier nicht beistimmen. Bei meinen zahlreichen Bespritzungen der Töpfe habe ich es wiederholt gesehen, dass ein Wassertropfen, der an einem noch nicht benetzten Blatte gerade auf ein Haar fiel, das Blatt sofort zum Schlusse brachte. Ebenso ist es mir beim Anlegen der Elektroden öfters vorgekommen, dass ich, mit dem Munde dicht am Blatte, durch die lange zurückgehaltene und endlich kräftige Exspiration die Schliessung des Blattes herbeiführte. Freilich mag ich wohl andere Male ähnlich gespritzt und ähnlich exspirirt haben, ohne dass die Reizbewegung am Blatte eintrat. Aber das beweist eben nur, was wir schon vorher fanden, dass nicht jede Bewegung des Haares gleichwerthig ist. Einmal, als das Blatt nach dem Auffallen des Tropfens sich schloss, habe ich es geradezu beobachtet, wie das Haar unter dem Tropfen sich bis zur Basis hin beträchtlich bog; und nur eine unbedeutendere Biegung, die nicht solche Dehnung an der Basis des Haares herbeiführte, wird in den Fällen stattgehabt haben, in welchen das Blatt in Ruhe blieb. Es stimmt damit sehr gut, was Hr. Darwin fand[2]) und ich bestätigen kann, dass Eintauchen des Blattes in Wasser von ca. 20° C. das eine Mal die Reizbewegung veranlasst, das andere Mal nicht. Wo die Reizbewegung eintritt, folgt sie unmittelbar auf das Eintauchen, und die wechselnden Erfolge lassen sich ungezwungen damit erklären, dass die Biegungen der Haare beim Eintauchen bald grösser bald kleiner sind.

Neben Zug und Druck giebt noch einen weiteren Reiz für das reizbare Parenchym die Wasserentziehung ab. Wenn Hr. Darwin Blätter in eine concentrirte Zuckerlösung brachte,

---

1) Ins. Pl. p. 291—2; 365. 2) Ins. Pl. p. 292.

so schlossen sich dieselben rasch; und zwar ergab sich als Angriffspunkt der Lösung das Haar, da der gleiche Erfolg nur zur Beobachtung kam, wenn es gelang, einen Tropfen behutsam an das Haar zu bringen, nicht aber, wenn sonst die obere Blattfläche mit der Lösung bedeckt wurde[1]). Hr. Barleben und ich sahen regelmässig, mit nur zwei Ausnahmen unter zahlreichen Fällen, die Blätter sich schliessen, wenn wir sie in Alkohol versenkten; und ebenso kam es die beiden Male, dass ich den Versuch anstellte, bald zur Schliessung, wenn ich einen Tropfen concentrirter Kochsalzlösung von der Seite her an die Basis des Haares hatte heranfliessen lassen. Dass der Reiz an der Basis des Haares wirksamer sich darstellt, als anderswo, bietet für das Verständniss keine Schwierigkeiten, da die Parenchymzellen an der ersteren Stelle, in Folge der geringeren Dicke der Epidermis, dem Angriffe zugänglicher sind. Aber nach dem Vorausgeschickten könnten die Versuche überhaupt nicht eindeutig genug erscheinen. Ich will mich deshalb hier besonders auf die folgenden Erfahrungen stützen. Als ich im sehr trockenen Hochsommer v. J. nach einer kurzen Unterbrechung die Versuche wieder aufnahm, schlossen sich regelmässig in meinem Arbeitszimmer alle Blätter meiner Töpfe, sobald ich von den grossen, mit feuchtem Moose gefüllten Gefässen, in welchen die Töpfe zu mir geschafft waren, die übergestülpten Glasglocken entfernte. Die Erwägung des Uebelstandes, der die beabsichtigte Untersuchung geradezu verhinderte, ergab, dass nur die zur Zeit sehr grosse Verdunstung die Ursache der Erscheinung sein konnte: und in der That blieb die Erscheinung aus, nachdem ich durch Begiessen des Fussbodens den Gehalt der Zimmerluft an Wasserdampf wesentlich vergrössert hatte. Als ich später zur Controle das Begiessen des Fussbodens ausgesetzt hatte, trat die Erscheinung sogleich wieder ein.

Ich fand bei der Gelegenheit noch ein zweites Hülfsmittel, dem Uebelstande zu begegnen. Wenn ich nämlich die Glasglocke nicht auf ein Mal entfernte, sondern nach und nach in

---

1) Ins. Pl. p. 293.

Absätzen von der Unterlage abhob, so dass erst etwa nach 30 Minuten der Topf frei an der Luft stand, so kam es gleichfalls nicht zur Schliessung der Blätter. Für die Reizung ist danach offenbar nicht blos die absolute Grösse des reizenden Eingriffes von Bedeutung, sondern auch die Geschwindigkeit, mit welcher der Eingriff in der gegebenen Grösse erfolgt. Und dafür hatte ich auch schon andere Belege in Händen. Wenn man für die elektrische Prüfung der oberen Blattfläche die Thonspitze einigermassen rasch auf diese Fläche aufsetzt, so geht das Blatt in der Regel zu, noch ehe es zu einer guten Anlagerung der Thonspitze gekommen ist. Dagegen lässt sich, wenn man recht behutsam die Thonspitze heranbringt, nicht blos die gute Anlagerung erzielen, sondern auch ganz allmählich der Druck mittelst der Thonspitze noch ansehnlich steigern, ohne dass eine Bewegung des Blattes hervorgerufen wird. Wiederum hat eine verhältnissmässig rasche Verschiebung der Thonspitze auf der oberen Blattfläche, selbst bei nur eben genügender Anlagerung, stets die Reizbewegung zur Folge, während die langsame Verschiebung, selbst wenn sie ausgedehnter ist, das Blatt in Ruhe lässt. Endlich kann man mit sicherer Hand ein Haar, das man etwa in der Mitte seiner Länge berührt, ganz allmählich sehr beträchtlich biegen, ohne dass eine Spur von Bewegung am Blatte eintritt, während die rasche Biegung des Haares, auch bei geringerer Grösse, unfehlbar die Schliessung des Blattes erzielt.

Nach alledem sind die oberen Partieen des Blattflügel-Parenchyms und das obere Mittelrippen-Parenchym oder wenigstens dessen obere Partie die reizbaren Theile des Blattes und werden gereizt, wenn ein mechanischer Angriff oder eine Wasserentziehung von gewisser Grösse und gewisser Geschwindigkeit dieselben trifft. Ihre Reizbarkeit habe ich abhängig gefunden von der Lebensfülle des Blattes, von der Temperatur und von der Belichtung. Die im Frühjahre und gegen Anfang des Winters ausgebildeten kleinen Blätter bedurften eines grösseren Reizes, um zur Schliessung veranlasst zu werden, als die vollentwickelten Blätter des

Sommers und des Herbstes; und die letzteren waren wiederum, wenn sie einige Zeit einer niederen Temperatur ausgesetzt oder nahezu im Dunkeln gehalten waren, auffällig weniger reizbar als bei höherer Temperatur resp. guter Belichtung Nach Hrn. Darwin's Erfahrungen würde die Reizbarkeit auch gesteigert sein durch die Resorption thierischer Substanz[1]) und herabgesetzt durch die Einwirkung von Schwefeläther-Dämpfen[2]). Nach andauernder Erschütterung der Töpfe, wie sie der Transport derselben (zu Fuss oder zu Wagen) vom Warmhause in meine ziemlich weit entfernte Wohnung mit sich brachte, habe ich die Reizbarkeit nicht merklich verändert gesehen. Dass am abgeschnittenen Blatte bei 25° C. die Reizbarkeit in etwa 2 Stunden erloschen ist, habe ich schon oben erwähnt; versenkt man das Blatt in kochendes Wasser, so ist sie innerhalb weniger Secunden vernichtet.

Im Falle niederer Reizbarkeit des Blattes, besonders an Blättern, welche niederen Temperaturen ausgesetzt oder schlecht entwickelt resp. heruntergekommen waren, habe ich übrigens auch eine Reizbewegung beobachtet, welche nicht zur völligen Schliessung des Blattes führt: die Blattflügel bleiben dann auf halbem Wege stehen, die Schliessungsbewegung erlischt, nachdem die Blattflügel um eine kleinere oder grössere Strecke einander näher gekommen sind. Solche unvollkommenen Schliessungen sind mir, wenn auch an sich öfters, doch im Verhältniss zu den völligen Schliessungen im Ganzen nur selten vorgekommen[3]). Es versteht sich, dass sie durch eine, bei der bestehenden Reizbarkeit zu schwache Reizung bedingt sind, und es ist nur eine Wiederholung der Reizung erforderlich, damit die völlige Schliessung eintritt. Von diesen Ausnahmefällen

---

1) Ins. Pl. p. 297—8; 364. Indess ist der Versuch S. 297—8 durchaus nicht beweisend, da bei der Entfernung des Eiweissstückchens aus dem unvollkommen geschlossenen Blattende sehr wohl eine mechanische Reizung der oberen Blattfläche stattgehabt haben kann.

2) Ins. Pl. p. 304—5.

3) Auch Hr. Sanderson hat, wie es scheint, unvollkommene Schliessungen gesehen und hält sie irrthümlich für den normalen Vorgang (Nat. p. 106. — Vgl. dazu Darwin, Ins. Pl. p. 311—2.).

sehen wir für gewöhnlich ab und lassen, wo Nichts besonders bemerkt ist, unsere Reizbewegung auch ferner mit der völligen Schliessung verbunden sein.

Wir gehen nunmehr an die genauere Betrachtung der Reizbewegung selbst.

Nach Hrn. Darwin erfolgt die Schliessung des Blattes in der Weise, dass die fast einen rechten Winkel mit einander bildenden Blattflügel sich einander nähern, indem sie sich zugleich in ihrer ganzen Breite etwas einwärts krümmen, und sich endlich mit ihren Rändern an einander legen; die Randstacheln kreuzen sich dabei in Folge der Einwärtskrümmung der Blattflügel, ohne dass sie selber gekrümmt werden, und der Winkel zwischen Blatt und Blattstiel bleibt unverändert[1]). Diese im Ganzen zutreffende Schilderung der Reizbewegung bedarf jedoch noch der Ergänzung.[2]) Am ganz offenen Blatte ist der Blattflügel, ohne die Randstacheln betrachtet, nach Art einer flachen Schale nach unten concav, und die Randstacheln stellen von der Mitte ihrer wulstigen Basis an steife gerade Verlängerungen seines äusseren Randes vor, derart dass gar nicht von einer Auswärtskrümmung und höchstens von einer spurweisen Einwärtskrümmung der Randstacheln die Rede sein kann. Denkt man sich vom Blattflügel einen Querschnitt hergestellt, der einen Randstachel unversehrt enthielte, so würde die lange Axe des Querschnittes im Randstachel-Wulste ihre Krümmung verlieren und weiter geradlinig als Axe des Randstachels sich fortsetzen, oder es würde wenigstens das äussere Ende der Axe des Blattflügel-Querschnittes mit der Randstachel-Axe einen nach oben concaven Winkel bilden, der nur wenig kleiner als 180° wäre. Bei der Schliessung gleicht sich nun, ohne dass eine merkliche Veränderung der Dimensionen des Blattflügels eintritt, die Concavität des Blattflügels mehr und mehr ab und

1) Ins. Pl. p. 305 - 6; 311; 313; 317; 356.

2) Vgl. Figg. 27 und 28 (Taf. I.). In Fig. 27 vom offenen, in Fig. 28 vom geschlossenen Blatte ist jedes Mal unter *a* ein Querschnitt, etwa in der Mitte der Länge des Blattes geführt, unter *b* ein Längsschnitt schematisch dargestellt. Ueber die inneren Linien und Punkte s. o. S. 72 Anm.

geht dann in eine zunehmende und schliesslich die anfängliche Concavität übertreffende Convexität nach unten über, so dass die Blattflügel des geschlossenen Blattes wiederum sich vergleichen lassen flachen Schalen, die jedoch jetzt etwas weniger flach sind und ihre Höhlung einander zukehren. Zugleich aber legen sich die Randstacheln an ihrer wulstigen Basis mehr und mehr nach der oberen Blattflügel-Fläche hin um, so dass sie am geschlossenen Blatte beträchtlich dieser Fläche zugeneigt erscheinen und ihre nunmehrige Lage, ausser der neuen Form der Blattflügel, auch noch ihrer eigenen Neigung verdanken. Denkt man sich am geschlossenen Blatte wiederum einen solchen Querschnitt, wie vorhin, vom Blattflügel hergestellt, so bildet jetzt das äussere Ende der gekrümmten Axe des Blattflügel - Querschnittes mit der geradlinigen Randstachel-Axe einen nach oben concaven Winkel, der nur etwa 120° beträgt. Hinzukommt dann noch als weitere Veränderung bei der Schliessung, dass die inneren Blattflügel-Enden sich einander nähern, so dass der Winkel, welchen dieselben mit einander bilden, von ca. 90° auf ca. 30° sich verkleinert. Sonach treten für die Schliessung des Blattes dreierlei Einzelbewegungen zusammen: 1. die Annäherung der inneren Blattflügel-Enden, 2. die Formveränderung der Blattflügel, 3. die Neigung der Randstacheln.

Wenn das geschlossene Blatt sich wieder öffnet, erfolgen dieselben Einzelbewegungen, wie bei der Schliessung des Blattes, nur in umgekehrter Richtung und mit ausnehmender Langsamkeit. Eben dieser Langsamkeit wegen thut man gut daran, die Einzelbewegungen zuerst am sich öffnenden Blatte zu verfolgen; ist man hier über sie in's Klare gekommen, so findet man sie bei der unvollkommenen wie bei der vollkommenen Schliessung des Blattes regelmässig wieder. In allen Fällen zeigt sich dabei, dass die dreierlei Einzelbewegungen durchaus gleichzeitig statthaben und hinsichts ihrer Grösse in einer constanten Beziehung zu einander stehen, indem einem gegebenen Oeffnungswinkel des Blattes immer eine bestimmte Form der Blattflügel und eine bestimmte Neigung der Randstacheln zugehört.

Der Hauptsitz der so gearteten Reizbewegung ist nach Hrn. Darwin die Mittelrippe (Ins. Pl. p. 293) oder nahe der Mittelrippe (p. 305; 356); aber er ist nicht auf diesen Theil beschränkt. Da die ziemlich dicken Blattflügel sich in ihrer ganzen Breite einwärts krümmen ohne Spur von Runzelung an ihrer oberen Fläche, scheinen die oberflächlichen Zellschichten an der ganzen oberen Fläche sich contrahiren zu müssen (p. 305; 316—7; 317). Doch ist der Hauptsitz der Bewegung offenbar die dicke Zellenmasse, welche über dem centralen Gefässbündel in der Mittelrippe liegt (p. 317; 356). Sobald die Contraction der oberen Fläche abnimmt, beginnen die Blattflügel sich zu trennen oder auszubreiten in Folge einer mechanischen Wirkung, welche die stets in einem Spannungszustande befindlichen mehrfachen Zellschichten an der unteren Blattfläche ausüben, wahrscheinlich mit Hülfe frischer Flüssigkeit, die in die Zellen hinein angezogen wird (p. 319—20). Die Contraction an der oberen Blattfläche hat Hr. Darwin an passend vorgerichteten Blättern unmittelbar constatirt: der Abstand zweier Punkte, welche in einer zur Mittelrippen-Axe senkrechten Linie gelegen waren, verringerte sich bei der Schliessung, wenn die Punkte an der Mittelrippe und zwar etwas zur Seite ihrer Axe gelegen waren, von 0·4318 Mm. auf 0·3810 Mm., und wenn die Punkte am Blattflügel sich befanden, von 2·032 Mm. auf ca. 1·905 Mm. (p. 317—8).

Wie man aus dieser Zusammenstellung aller hierhergehörigen Angaben von Hrn. Darwin ersieht, würde nach ihm die Contraction der oberen Zellschichten des Blattes die Schliessung, die Fortdauer der Contraction — man kann sagen, der Tetanus [1]) — derselben Zellschichten das Geschlossenbleiben, endlich die Streckung der unteren Zellschichten die Oeffnung

1) Hr. Darwin bemerkt auch (Ins. Pl. p. 319) in Bezug darauf, dass nach Reizung der Haare mittelst Zuckerlösung die Blätter länger geschlossen bleiben, als nach mechanischer Reizung: „this, I presume, is due to their having been strongly affected through exosmose, so that they continue for some time to transmit a motor impulse to the upper surface of the leaf.“

des Blattes bedingen. Aber diese Vorstellungen lassen sich insgesammt nicht halten.

Was zunächst die Oeffnung des Blattes betrifft, so können bei ihr unmöglich die unteren Zellschichten sich so activ und die oberen Zellschichten sich passiv verhalten, schon deshalb nicht, weil dann die Einwärtskrümmung der Blattflügel gar nicht verringert und aufgehoben werden würde; dafür muss ja die Ausdehnung der oberen Blattfläche mehr sich vergrössern als die der unteren Blattfläche, und das kann die Dehnung der oberen Zellschichten durch die unteren nicht leisten. Die Erfahrung, auf welche Hr. Darwin sich hier stützt, dass durch rasches Eintauchen offener Blätter in kochendes Wasser die Divergenz der Blattflügel etwas zunimmt, der Oeffnungswinkel des Blattes z. B. von 80° auf 90° wächst[1]), ist denn auch anders, als er will, zu deuten: es wirkt dabei nicht mechanisch der Spannungszustand der unteren Zellen, sobald die oberen Zellen getödtet sind und ihre Contractilität verloren haben[1]), sondern die unteren wie die oberen Zellen werden beide getödtet und verlieren ihre Turgescenz, und die neue Stellung der Blattflügel entspricht nur der Erschlaffung aller Gewebe. Auch offene Blätter, die am Topfe abgestorben sind oder aus unbekannten Gründen ihre Reizbarkeit und ihre Turgescenz verloren haben, bieten einen grösseren Oeffnungswinkel der Blattflügel dar, als die reizbaren, turgescenten Blätter. Geschlossene oder halbgeschlossene Blätter behalten beim Absterben, am Topfe wie im kochenden Wasser, die Einwärtskrümmung der Blattflügel bei, doch wird auch bei ihnen der Oeffnungswinkel der Blattflügel etwas vergrössert. Nur sehr selten habe ich bei Blättern, die geschlossen abgestorben waren, die Blattflügel nicht ein wenig divergiren sehen, aber auch da war die Biegungsfestigkeit der Mittelrippen-Gelenke deutlich verringert.

Ebensowenig kann die Schliessung auf einer Contraction und das Geschlossenbleiben auf einem Tetanus der oberen Zellschichten beruhen. Weshalb die constatirte Verkürzung gerade

1) Ins. Pl. p. 319—20.

eine Contraction sei, darüber hat sich Hr. Darwin selber gar nicht geäussert, und er stützt sich hier vermuthlich auf Hrn. Sanderson, der sich ausgedehnt darüber verbreitet hat. „I shall be able to show“, sagt Hr. Sanderson in seinem Vortrage in der R. Inst., „that the resemblance between the contraction of muscle and that of the leaf is so wonderfully complete that the further we pursue the inquiry the more striking does it appear. Whether we bring the microscope to bear on the structural changes which accompany contraction, or employ still more delicate instruments of research . . ., in order to determine and measure the electrical changes which take place in connection with it, we find that the two processes correspond in every essential particular so closely, that we can have no doubt of their identity.“[1]) So bestimmt aber dieser Ausspruch lautet, so sicher ist er unrichtig.

Hr. Sanderson legt besonderes Gewicht auf die Uebereinstimmung der elektrischen Erscheinungen am Muskel und am Blatte, vor Allem darauf, dass beide Male die negative Schwankung des Ruhestromes bei der Verkürzung auftritt. Ich werde dem entgegen nachher darthun, dass bei der Schliessung des Blattes andere Veränderungen des Ruhestromes sich zeigen, als bei der Verkürzung des Muskels[2]). Aber selbst wenn dem nicht so wäre, könnte man Hrn. Sanderson nicht Recht geben; denn Nerv und Muskel stimmen in ihren elektrischen Erscheinungen noch viel mehr überein, als Muskel und Blatt, und doch wird Niemand auf Grund dieser Uebereinstimmung die beiden Vorgänge der Nerven- und der Muskelthätigkeit für identisch ausgeben mögen. Was weiter das Mikroskop Correspondirendes am Muskel und am Blatte aufdecken soll, beschränkt sich nach Hrn. Sanderson's Ausführung darauf, dass, wie bei der Verkürzung des Muskels jede kleinste Faser an der Formveränderung participirt, dasselbe bei der Verkürzung des Blattes vom Protoplasma der Zellen der contractilen Organe gelten soll. Dabei beruft sich Hr. Sanderson auf die Aggre-

---

1) Nat. p. 127.

2) S. unten §. 6.

gation, welche Hr. Darwin unter Umständen an Zellen der Drosera beobachtet hat, und eine solche Aggregation tritt an den Dionaea-Zellen, nach Hrn. Darwin's und meinen Erfahrungen, bei der Reizbewegung sicher gar nicht ein. Träte sie aber auch ein, die Uebereinstimmung zwischen Muskel und Blatt liesse sich dann doch im günstigsten Falle blos darin finden, dass die Veränderung des Ganzen resultirt aus der gleichartigen Veränderung aller das Ganze constituirenden gleichwerthigen Theile, und darum würden die Muskel- und die Blatt-Verkürzung nicht mehr identisch sein, als z. B. die Muskel- und die Kautschuk-Verkürzung. Was Hr. Sanderson für die Identität von Muskel- und Blatt-Verkürzung beigebracht hat, ist demnach Alles einfach zurückzuweisen.

Andererseits, wenn der Muskel sich verkürzt, nimmt er an Breite und Dicke zu: die sich verkürzenden Theile des Blattes dagegen verlieren zugleich an Länge und Breite, wie es die Schalenform der Flügel des geschlossenen Blattes erweist; und dass auch ihre dritte Dimension sich verkleinert, ist von vorne herein mindestens ebenso wahrscheinlich, wie dass dieselbe sich vergrössert. Der verkürzte Muskel besitzt ferner eine geringere Elasticität als der unverkürzte: versucht man dagegen am geschlossenen Blatte, durch Zug an den Randstacheln, die Blattflügel von einander zu entfernen oder ihre Krümmung aufzuheben, so brechen[1]) dieselben eher wie Glas, als dass sie der Rede werth nachgeben. Nach kurzem mechanischen Angriffe tritt wohl unter Umständen eine längere Zeit währende Verkürzung des Muskels ein, aber deren Dauer zählt doch nach Minuten: das Blatt bleibt nach dem gleichen Angriffe Stunden hindurch geschlossen. Selbst bei andauernder Reizung des Muskels lässt die Verkürzung desselben in Folge der Ermüdung nach: von solcher Ermüdung zeigt das Blatt in vielen Stunden keine Spur. Endlich, lässt die Verkürzung des Muskels nach, so vollzieht sich seine Verlängerung sehr bald bis zu der der Belastung entsprechenden Grösse: am Blatte erfordert die Oeffnung 24 Stunden und

1) Vgl. Darwin, Ins. Pl. p. 307—8.

mehr, und nicht nur das Gewicht der Blattflügel, sondern auch weitere Belastung ist ohne sichtlichen Einfluss auf ihren Verlauf. Soweit also zur Zeit die Muskel- und die Blatt-Verkürzung sich überhaupt vergleichen lassen, soweit weichen sie in allen Stücken von einander ab.

Bei der Reizbewegung des Dionaea-Blattes hat sich nur dasselbe wiederholt, was vorher die Reizbewegungen mehr zugänglicher Pflanzen betraf, dass man zunächst auf die Annahme einer Contraction nach Art derjenigen des thierischen Muskels verfiel; und die Verführung war allerdings bei der Dionaea um so grösser, als zugleich elektrische Erscheinungen wie am Muskel zur Beobachtung kamen und die Bewegung an einem Organe sich vollzog, dem überdies die thierische Verdauungsfähigkeit zuerkannt war. Aber, wie wir besonders durch Hrn. Brücke's[1]) und Hrn. Pfeffer's[2]) Untersuchungen wissen, sind es Vorgänge eigener Art, die mit der Muskelbewegung Nichts gemein haben, welche den Reizbewegungen der Blattstiele der Mimosa und der Staubfäden der Cynareen zu Grunde liegen; und nur dieselben Vorgänge sind es, welche an unserem Dionaea-Blatte wiederkehren. Setzt man den Gelenkwulst des primären Blattstieles der Mimosa nach Art unseres Blattflügels flächenhaft ausgebreitet und mit dessen eigenthümlicher Nervatur an der Stelle seines Holzkörpers ausgestattet, so erhält man in physiologischer Hinsicht unseren Blattflügel, nur mit der reizbaren Seite nach unten gekehrt. Und man gewinnt weiter im Wesentlichen unser Blatt, wenn man zwei derartig veränderte Gelenkwülste unter rechtem Winkel mit einander so verbunden denkt, dass das reizbare Parenchym der Wülste ununterbrochen über das Verbindungsstück hinwegzieht.

Trägt man an unserem offenen oder geschlossenen Blatte mit raschem Scheerenschnitte einen Blattflügel nahe der Mittelrippe ab, so schlägt der andere Blattflügel beträchtlich über die Stellung hinaus[3]), welche er am unversehrten geschlossenen Blatte zeigt, so dass der Winkel, welchen die inneren Blatt-

1) Archiv für Anatomie, Physiologie u. s. w. 1848, S. 434 ff.

2) Physiologische Untersuchungen. Leipzig 1873.

3) Vgl. Darwin, Ins. Pl. p. 306.

flügel-Enden mit einander bilden, kleiner als sonst wird, und nimmt zugleich eine wesentlich grössere Concavität nach oben an oder rollt sich sogar von den Rändern her etwas spiralig ein; auch die Neigung der Randstacheln gegen die obere Blattfläche wird grösser, als am normalen geschlossenen Blatte. Manchmal geht das so verstümmelte Blatt zu Grunde; wenn nicht, so macht der erhaltene Blattflügel dann ebensolche Veränderungen langsam durch, wie wenn das Blatt unversehrt sich öffnete, und hat nach 1—2 Tagen wieder die Stellung und Form, welche man sonst am nicht ganz offenen Blatte findet. Wird jetzt ein Haar des Blattflügels gezerrt, so tritt die nämliche Bewegung des Blattflügels ein, wie zuerst, als der andere Blattflügel abgetragen wurde. Schneidet man, statt eines ganzen, nur einen halben Blattflügel ab, so macht man dieselben Erfahrungen hinsichts des Ueberschlagens, des Aufrollens u. s. w. des unversehrten Blattflügels, aber natürlich nur in der Gegend, wo der zweite Blattflügel fehlt. Auch wenn man blos an einem unversehrten Blatte den einen Blattflügel zur Zeit der Reizung fixirt, so dass nur der andere Blattflügel sich bewegen kann, macht der letztere die in Rede stehenden Veränderungen durch und rollt sich dabei gewissermassen in die Höhlung des Blattes hinein. Ja, man findet die über das normale Mass hinausgehenden Schliessungsbewegungen des einen oder des anderen Blattflügels, wenigstens in den Anfängen, schon dann immer wieder, wenn man das zur mechanischen Reizung verwandte Instrument nicht rasch genug entfernt, so dass die regelmässigen Bewegungen der Blattflügel gestört sind. Dass der abgeschnittene ganze oder halbe Blattflügel und überhaupt jedes ausgeschnittene Stück des Blattflügels gleichfalls übermässig verändert erscheinen, versteht sich nunmehr von selbst: sie zeigen eine grössere Concavität nach oben und, wenn die Randstacheln erhalten sind, eine grössere Neigung der Randstacheln, als sie den betreffenden Bruchstücken am unversehrten geschlossenen Blatte zugekommen wären. Durch neue und nach beliebigen Pausen wiederholte Reizung tritt keine weitere Veränderung der Bruchstücke ein. Aber besonders bemerkenswerth ist, dass an diesen Bruchstücken, wie überhaupt überall, wo eine übermässige Schliessungsbewegung erfolgt ist, das Uebermass der Veränderung des Blattflügels oder Blattflügelstückes sich mechanisch gut ausgleichen lässt: unter langsamer Dehnung der oberen Fläche lassen sich die Theile immer ganz leicht bis nahe zu der Form zurückführen, die ihnen am normal geschlossenen Blatte zustehen würde, und schwerer bis etwas über diese Form hinaus dem offenen Blatte nähern; dann erst brechen sie gerade so, wie die Blattflügel des normal geschlossenen Blattes (s. oben S. 113). Es geht aus diesen Erfahrungen klar hervor, dass die Reizung für das Blatt einen neuen Gleichgewichtszustand herbeiführt, der durch eine wesentliche Erschlaffung und Verkürzung der oberen Schichten charakterisirt ist, und dass das Blatt auf dem Uebergange zu seiner neuen, dem neuen Gleichgewichtszustande entsprechenden Form durch das Zusammentreffen der Blattflügelränder etwa halbweges gehemmt wird; so dass die Schliessung des Blattes auf Reizung durch eine Erschlaffung und Verkürzung der oberen Schichten des Blattes zu Stande kommt, aber eben diese Schichten am geschlossenen Blatte doch für den nunmehrigen Gleichgewichtszustand des Blattes passiv verlängert, stark gedehnt und damit gespannt sich darstellen.

Mit der Verkürzung der oberen Schichten bei der Schliessung geht eine Verlängerung der unteren Schichten einher. Daraus, dass die Concavität des Blattflügels nach unten in eine Concavität nach oben übergeht, folgt allerdings nur, wie ich schon einmal andeutete, dass das Verhältniss der Ausdehnung der oberen und der unteren Fläche zu Gunsten der letzteren Fläche eine Veränderung erfährt: womit die absolute Vergrösserung oder Verkleinerung beider Flächen nicht ausgeschlossen ist. Aber der angegebene Sachverhalt ist schon Hrn. Darwin's Ermittelungen zu entnehmen. Denn Hr. Darwin hat nicht blos die absolute Verkürzung der oberen Fläche bei der Schliessung constatirt, sondern dieselbe auch so klein gefunden, dass sie an einem Blattflügel von 10 Mm. Breite nur eine Verschmälerung um ca. 0·6 Mm. bedingen würde[1]); und

1) Ins. Pl. p. 318. — S. oben S. 110.

danach kann, in Anbetracht der Dicke des Blattflügels und der Grösse seiner Formveränderung, von einer Verkürzung auch der unteren Fläche nicht die Rede sein, vielmehr ist für diese Fläche nur anzunehmen, dass sie um etwa ebensoviel sich vergrössert, wie die obere sich verkleinert. Dies lässt sich denn auch direct beobachten. Hat man an der unteren Fläche eines ganz geöffneten Blattes, etwa in der Mitte seiner Länge, mit Thon zwei Punkte markirt, welche in einer zur Mittelrippen-Axe senkrechten Linie gelegen und 3—4 Mm. von einander entfernt sind, so sieht man bei der Schliessung des Blattes ganz deutlich, dass die Punkte sich ein wenig von einander entfernen. Besonders schön aber und, ich möchte sagen, auffallend gestaltet sich die Wahrnehmung an solchen Blättern, die durch die Abtragung eines Blattflügels verstümmelt worden sind und sich wieder geöffnet haben. Markirt man hier ebenso zwei Punkte, das eine Mal an der oberen, das andere Mal an der unteren Fläche des erhaltenen Blattflügels, so kann es der aufmerksamen Beobachtung gar nicht entgehen, dass mit der Schliessungsbewegung der Abstand der Punkte im ersteren Falle sich verkleinert, im letzteren Falle sich vergrössert; ja, diese Veränderungen lassen sich in den meisten Fällen sogar durch Anlegen des Zirkels gut feststellen. In der Richtung von vorn nach hinten habe ich mir die Verkürzung der oberen und die Verlängerung der unteren Fläche nicht so sicher zur Anschauung bringen können, aber dieselben sind nach dem Vorermittelten schon dadurch ausreichend erwiesen, dass auch in dieser Richtung die Concavität des Blattflügels bei der Schliessung sich umkehrt.

Da die oberen Schichten bei der Verkürzung erschlaffen, kann die Verlängerung der unteren Schichten aller Wahrscheinlichkeit nach nur eine active sein; und das lehrt auch geradezu der Versuch. Hälftet man ein ausgeschnittenes, etwa rechteckiges Blattflügelstück seiner Dicke nach, wobei, wie die mikroskopische Untersuchung lehrt, die Nervatur in kurze Stücke zerfällt wird, die theils diesseits theils jenseits des schneidenden Messers liegen bleiben, so wird die obere Hälfte, indem die Schnittfläche sich ein wenig verlängert, noch etwas stärker als vorher nach oben concav; die untere Hälfte aber giebt, unter ansehnlicher Verlängerung der Schnittfläche, die bisherige Krümmung ganz auf und streckt sich gerade oder wird sogar noch spurweise nach oben convex. Das Parenchym des Blattflügels ist also positiv gespannt gegen seine zu kurze Nervatur, es ist durch dieselbe comprimirt, und es verlängert sich, sobald es von dem Zwange befreit ist. Da nun am offenen Blatte die oberen Schichten des Parenchyms wohl noch mehr, wenigstens aber doch ebensosehr durch die Nervatur comprimirt sein müssen, wie die unteren Schichten, so versteht es sich, dass, sobald auf Reizung die oberen Schichten des Parenchyms erschlaffen, die unteren in Folge ihres Spannungszustandes sich soweit als jetzt möglich ausdehnen und desto mehr sich verlängern, je weiter sie von der Nervatur entfernt sind.

Wenn ich eben nur von den Parenchym-Schichten sprach und die Epidermis vernachlässigte, so hatte das seine guten Gründe. Legt man ein ausgeschnittenes Blattflügelstück in Wasser, so wird seine untere Fläche ein wenig länger, und seine Concavität nach oben nimmt etwas zu. Hälftet man ein Blattflügelstück der Dicke nach und bringt an jede Hälfte ein Tröpfchen Wasser, so sieht man beide Male eine rasche Aufsaugung des Wassers erfolgen und die Schnittfläche sich beträchtlich verlängern; die Concavität der oberen Hälfte nach oben wird dabei noch ansehnlich vergrössert, und die untere Hälfte nimmt eine deutliche Concavität nach unten an, die jedoch nie die Grösse erreicht, welche am frischen Blattflügelstücke die Concavität nach oben besass. Eine Runzelung der oberen oder der unteren Epidermis kommt in keinem der bisher besprochenen Fälle zur Beobachtung. Zieht man von einem frischen Blattflügelstücke auf eine längere Strecke die Epidermis ab, was ziemlich schwer an der oberen, leichter an der unteren Seite gelingt, so verkürzt sich die obere Epidermis sehr deutlich und ansehnlich, die untere nur undeutlich und spurweise; durch Wasser-Zusatz erfahren beide keine Veränderung. Trägt man, wiederum vom frischen Blattflügelstücke, die Epidermis zusammen mit einer dünnen Lage des benachbarten Parenchyms ab, so verhalten sich die Stücke, je nachdem sie der oberen oder der unteren Seite entnommen sind, sowohl frisch wie bei Wasser-Zusatz im Wesentlichen ebenso, wie entsprechend die isolirten Hälften des Blattflügelstückes, welche wir vorher betrachteten. Das Blattflügelstück selbst, welchem auf der einen oder der anderen Seite die Epidermis allein oder dieselbe mit der nächsten Parenchym-Lage entnommen worden ist, bietet in Krümmung und sonstigem Verhalten keine merkliche Abweichung von dem unversehrten Blattflügelstücke dar. Es ist also ganz klar, dass die Epidermis nur von untergeordneter Bedeutung bei der Schliessung sein kann. Wie das grosse Wasser-Ansaugungsvermögen, welches das Parenchym auszeichnet, der Epidermis abgeht, so fehlt ihr auch ganz das Ausdehnungsbestreben. Vielmehr erweist sich die Epidermis immer negativ gespannt gegen das Parenchym, und zwar ist die untere Epidermis selbst nach übermässiger Schliessungsbewegung nur schwach, die obere Epidermis dagegen schon am normal geschlossenen Blatte ziemlich stark passiv gedehnt. Demzufolge kann die Epidermis auch nicht mehr leisten, als dass sie die anderweitig veranlasste Formveränderung bei der Schliessung mit ihrer oberen Partie begünstigt, mit ihrer unteren Partie ein wenig erschwert.

Mit diesen Ausführungen ist es genügend begründet, wie ich oben S. 114 unseren Blattflügel mit dem Gelenkwulste der Mimosa verglich. Hier wie dort ist ein durch grosses Wasser-Ansaugungsvermögen und grosses Ausdehnungsbestreben ausgezeichnetes Parenchym positiv gespannt einerseits gegen die Nervatur in seiner Mitte, andererseits gegen die es umschliessende Epidermis. Beide Male ist nur Eine Seite des Parenchyms reizbar, ohne dass im Baue des reizbaren und des nicht reizbaren Parenchyms ein wesentlicher Unterschied bemerklich ist, und die Bewegung erfolgt nach der reizbaren Seite hin, so dass eine nach dieser Seite concave Krümmung entsteht. Beide Male kommt die Bewegung dadurch zu Stande, dass das reizbare Parenchym erschlafft und kürzer wird, das nicht reizbare Parenchym sich activ verlängert. Und bei dieser Ueberein. stimmung kann es keinem Zweifel unterliegen, dass auch die inneren Vorgänge bei der Erschlaffung und der Ausdehnung des Parenchyms beide Male dieselben sind.

Wie von verschiedenen Forschern schon vorher vermuthet worden ist und Hr. Pfeffer (a. a. O.) dargethan hat, tritt bei der Reizbewegung der Mimosa Flüssigkeit aus dem Inneren der reizbaren Parenchymzellen aus, wodurch der Turgor der Zellen, d. h. der hydrostatische Druck des Zellinhalts gegen die Zellmembran, und damit die Steifheit der Zellen sinkt; und ein guter Theil der ausgetretenen Flüssigkeit geht in das Parenchym der nicht reizbaren Wulsthälfte über. Diese Vorgänge werden also auch für den Blattflügel unserer Dionaea anzunehmen sein. Nur ein Uebertritt von Flüssigkeit auch in das Gefässbündel, wie er bei der Mimosa festgestellt ist[1]), scheint bei der Dionaea nicht zu erfolgen. Ich schliesse dies aus dem vollen Gegensatze, in welchem es zu den Erscheinungen bei der Mimosa steht, dass bei der Dionaea Durchschneidung des Zwischengliedes selbst ganz nahe der Blattbasis die Reizbewegung nicht herbeiführt, dass hier ferner an den so durchschnittenen Gefässen, auch wenn man dann durch Berührung eines Haares das Blatt zur Schliessung bringt, kein Flüssigkeitstropfen auftritt und dass hier endlich, wie schon Hr. Darwin ermittelt hat[2]), die Nervatur bei der Fortleitung der Reizung ganz unbetheiligt ist. Doch dies mehr beiläufig: die Wasserbewegung im Dionaea-Blatte verlangt eine eigene Untersuchung, welche ich nicht ausgeführt habe, und mit einer unvollkommenen Analyse auf Grund gelegentlicher Erfahrungen mag ich mich nicht aufhalten. Für unsere Zwecke genügt es zu wissen, worüber nach dem Vorausgeschickten kein Zweifel sein kann, dass auch bei der Dionaea die Erschlaffung des reizbaren Parenchyms durch einen Wasseraustritt aus den betreffenden Zellen zu Stande kommt. Wenn demgemäss diese Zellen nicht blos in Länge und Breite, wie es schon die Formveränderung des Blattflügels ergiebt, sondern, wie es auch Hr. Pfeffer an den gleichfalls cylindrischen Zellen der Cynareen-Staubfäden unmittelbar beobachtet hat, in allen Dimensionen

---

1) S. noch: Pfeffer, Jahrb. f. wiss. Botanik. Bd. IX. S. 308 ff.

2) Ins. Pl. p. 313—6.

sich verkürzen, so lässt sich, nachdem wir soweit nur den Blattflügel ohne die Randstacheln betrachtet haben, nunmehr die Mechanik der Reizbewegung des ganzen Blattes folgendermassen übersehen.

Wo auch immer der reizende Angriff das reizbare Parenchym trifft, immer pflanzt sich die Folge der Reizung sogleich über dieses ganze Parenchym fort, und dasselbe erschlafft. Mit der Erschlaffung des oberen Blattflügel-Parenchyms dehnt sich dann das untere Blattflügel-Parenchym aus und geht jeder Blattflügel aus der nach unten concaven Gestalt in die nach oben concave über. Mit der Erschlaffung weiter des oberen Mittelrippen-Parenchyms, das die inneren Enden der beiden oberen Blattflügel-Parenchyme verbindet, rücken diese Enden einander näher, unter Mitwirkung wiederum der activen Ausdehnung der beiden unteren Blattflügel-Parenchyme und wahrscheinlich zugleich der activen Ausdehnung des unteren Mittelrippen-Parenchyms; denn auch in dieses Parenchym wird ein Theil der aus den reizbaren Partieen ausgetretenen Flüssigkeit übergehen[1]). Endlich werden durch die Verkürzung des oberen und die Verlängerung des unteren Blattflügel-Parenchyms, in Folge der Verbindung der äusseren Enden dieser beiden Parenchyme mit dem Randstachel-Parenchyme (s. o. S. 79; vgl. Fig. 27*a* und Fig. 28*a*), die Randstacheln der oberen Blattfläche zugeneigt. Das Parenchym des äusseren Randes und das Randstachel-Parenchym sind bei der Reizbewegung unbetheiligt: nicht nur geht diesen Parenchymen die Reizbarkeit ganz ab, sondern es wird auch,

1) Ich glaube manchmal gesehen zu haben, dass die Krümmung der Mittelrippe sich bei der Schliessung spurweise verringerte; öfter habe ich Nichts der Art wahrgenommen. Sollte sich jene Verringerung constatiren lassen, so würde damit die Verkürzung des oberen und die Streckung des unteren Mittelrippen-Parenchyms in der Richtung parallel der Mittelrippen-Axe unmittelbar dargethan sein.

wenn man vom offenen Blatte den äusseren Rand bis zur Seite der Blattflügel-Parenchyme abschneidet, jede Spur einer Bewegung oder Formveränderung an den abgetrennten Theilen vermisst, selbst wenn man dieselben mit Nadel und Scheere zerlegt und in Wasser bringt.

Bei der Oeffnung des Blattes verhält sich natürlich Alles umgekehrt, wie bei der Schliessung: die vorher erschlafften und verkleinerten Parenchyme dehnen sich jetzt unter Wachsen des Turgor's und der Steifheit ihrer Zellen aus, und die vorher activ ausgedehnten Parenchyme werden jetzt comprimirt. Das Gewicht der Blattflügel spielt bei der Oeffnung keine Rolle; denn weder wird die Oeffnung merklich beschleunigt, wenn man die Belastung durch Drähte, die man an die Randstacheln hängt, vergrössert, noch wird sie merklich verzögert, wenn man das geschlossene Blatt in verkehrter Lage befestigt, so dass die Randstacheln sich zu unterst befinden. Aus dem langsamen Verlaufe der Oeffnung, die erst in 24 Stunden und noch später beendet ist, lässt sich entnehmen, dass die Flüssigkeits-Aufnahme von Seiten der reizbaren Parenchymzellen, zum Ersatze der vorher abgegebenen Flüssigkeit, nur sehr allmählich erfolgt und bei der Dionaea viel langsamer vor sich geht als bei der Mimosa. Damit könnte man es auch in Zusammenhang bringen, dass bei der Dionaea Stunden nach der Schliessung vergehen, ehe die erste Spur der Oeffnung sich bemerklich macht, indem man die Restitution erst nach Stunden beginnen liesse. Indess halte ich es für wahrscheinlicher, dass das lange Geschlossenbleiben darauf beruht, dass die reizbaren Parenchyme nach der normalen Schliessung, wie wir oben S. 116 sahen, trotz ihrer Verkürzung doch in Hinsicht auf den neuen Gleichgewichtszustand des Blattes passiv gedehnt zurückbleiben: der wiederanwachsende Turgor der reizbaren Parenchyme findet erst die Folgen dieser Dehnung (die übermässige Abnahme der Dicke der Zellen) auszugleichen, ehe er zur Compression der bei der Schliessung activ ausgedehnten Parenchyme vorschreiten kann.

§. 6. Von den elektrischen Erscheinungen bei Reizung des Dionaea-Blattes.

Ausser der Reizbewegung haben wir aber noch andere Folgen der Reizung an unserem Blatte zu untersuchen.

Unter dem Titel: „Negative Schwankung" theilt Hr. Sanderson Folgendes mit[1]: „a) Wenn das Blatt so auf die Elektroden aufgelegt wird, dass der normale Strom des Blattes durch eine Ablenkung der Nadel nach links angezeigt wird und man gestattet einer Fliege, in dasselbe zu kriechen, so schwingt die Nadel in dem Momente, wo die Fliege das Innere erreicht und so die sensitiven Haare der oberen Fläche berührt, nach rechts, während zu gleicher Zeit das Blatt sich über der Fliege schliesst. b) Nachdem die Fliege gefangen ist, schwingt die Nadel jedesmal, wenn jene sich bewegt, nach rechts. c) Dieselbe Reihe von Erscheinungen tritt ein, wenn die sensitiven Haare der oberen Fläche[2]) statt durch die Fliege durch einen feinen Pinsel berührt werden. d) Wenn das Blatt[3]), während es auf den Elektroden des Galvanometers wie zuvor aufliegt, von seiner oberen Fläche[4]) aus von zugespitzten Platinelektroden, deren Entfernung 1 Mm. nicht überschreitet, eben durchbohrt wird und diese letzteren (Platinelektroden) durch Vermittelung einer Wippe mit dem du Bois'schen Schlitten verbunden werden, so sind dieselben Erscheinungen zu beobachten, wie nach der mechanischen Reizung, jedesmal, dass man den secundären Kreis schliesst. Der Effect wird nicht geändert, wenn die Richtung der reizenden Ströme umgekehrt wird. In diesem sowie in dem mit c) bezeichneten Falle variiren die Erscheinungen, je nachdem das Blatt an verschiedenen Stellen seiner oberen Fläche gereizt wird: wenn

1) Centralbl. S. 834—5. — In den Proceed. p. 496 findet sich der gleiche Text, nur mit einigen Umstellungen und mit einzelnen Varianten, welche ich in den folgenden Anmerkungen hinzufüge.

2) „the sensitive hairs of a still expanded leaf" (Proceed.).

3) „the open leaf" (Proceed.).

4) „one of the concave surfaces" (Proceed.). Hr. Sanderson bezeichnet die obere Blattflügel-Fläche öfters als die „concave", weil ihm so wenig als Hrn. Darwin die Concavität des Blattflügels nach unten am ganz offenen Blatte (s. oben S. 108) bekannt war.

das Blatt an seinen Rändern gereizt wird, gleichviel ob elektrisch oder mechanisch, so ist kein Effect zu bemerken; wird das Blatt an seiner mittleren Partie gereizt, so schwingt die Nadel nach einem Intervall von $^1/_4$—$^1/_2$ Sec.[1]) nach rechts. Wenn jedoch das Blatt an einer dem Stiele zunächst gelegenen Stelle der mittleren Partie gereizt wird, so geht dem Schwingen nach rechts ein leichter, der normalen Ablenkung (links) gleich gerichteter Stoss voraus. In jedem Falle kommt die Nadel nach der negativen Schwankung in einer Stellung zur Ruhe, die weiter nach links gelegen ist, als zuvor, und nimmt dann allmählich ihre frühere Stellung wieder ein.“

Die grossen Mängel dieser Mittheilung und zwar, von allen Einzelheiten abgesehen, gerade im Hauptsächlichsten und Wichtigsten, sind nicht zu verkennen. Vor Allem besteht die Möglichkeit, dass Hrn. Sanderson's „negative Schwankung des normalen Blattstromes“ gar Nichts weiter sei als die Folge der Verschiebung der Ableitungspunkte am Blatte, einer Verschiebung, welche die mit einer Erschütterung des Blattes verbundene Reizung mit sich bringen konnte, und welche durch die Schliessung des Blattes, bei Hrn. Sanderson's Ableitungsweise von den Blattenden (s. Nat. p. 128 Fig. 2), sogar jedenfalls herbeigeführt sein musste. Man bleibt zweitens ganz im Unklaren darüber, was eigentlich zur Beobachtung kommt. Die Bezeichnung „negative Schwankung“ ist von Hrn. Sanderson der Lehre vom Muskelstrome entlehnt. Hat man einen Muskel bis zum Maximum der negativen Schwankung seines Stromes tetanisirt, so kehrt die Nadel vom negativen Ausschlage nicht so bald, wie von sonstigen Ablenkungen, in die Ruhestellung zurück, sondern ihre schnelle Rückkehr nimmt, in Folge der Nachwirkung des Tetanus auf die Kraft des Muskels, halbweges oder später in auffälliger Weise ein Ende, so dass die Nadel schon hier zur Ruhe zu kommen scheint, und nur ganz langsam setzt dann die Nadel ihren Weg zur Ruhestellung fort[2]). Wenn nun nach Hrn. Sanderson auch

---

1) „from a quarter to a third of a second“ (Proceed.).

2) E. du Bois-Reymond, Untersuchungen über thierische Elektricität. Bd. II. Abth. II. S. 151 ff. — Archiv für Anatomie, Physiologie u. s. w., 1873. S. 529; 544.

das Blatt die negative Schwankung des normalen Blattstromes zeigt, indem die durch den Ruhestrom nach links abgelenkte Nadel nach rechts schwingt, so sollte man meinen, dass die Nadel auf der Rückkehr zu ihrer ursprünglichen Ablenkung weiter nach rechts, als zuvor, zur Ruhe käme und dann allmählich ihre frühere Stellung wieder einnähme. Dagegen sagt Hr. Sanderson, die Nadel komme zur Ruhe weiter nach links, als zuvor; und das ist offenbar ganz unverständlich, wenn man das „zuvor", wie man doch muss, auf diejenige Stellung der Nadel bezieht, von welcher aus der negative Ausschlag erfolgt ist, also auf die ursprüngliche Ablenkung nach links. Die Vertauschung von „rechts" und „links", welche man danach in Hrn. Sanderson's Angabe vermuthen muss, ist aber nirgends berichtigt; und das unerfreuliche Dunkel, welches in Folge dessen herrscht, ist noch dadurch gesteigert, dass Hr. Sanderson in seiner letzten Veröffentlichung das eine Mal — bei mechanischer Reizung — des eigenthümlichen Verhaltens der rückkehrenden Nadel gar nicht mehr gedenkt, sondern dort die Nadel einfach vom negativen Ausschlage unmittelbar zu ihrer ursprünglichen Stellung zurückkehren lässt [1]) und das andere Mal — bei elektrischer Reizung — die Nadel sogar schon von vorne herein nach links ausschlagen, d. h. eine positive Schwankung des Stromes anzeigen lässt [2]). Wollte Jemand in diesen vielfach wechselnden Ergebnissen einen Beweis dafür sehen, dass es sich gar nicht um Folgen der Reizung, sondern blos um Folgen verschiedener Umstände, die rein äusserlich mit der Reizung in Verbindung standen, bei Hrn. Sanderson's Versuchen gehandelt habe, Nichts würde sich dagegen einwenden lassen. Endlich besteht der dritte,

1) „The spot having assumed a fixed position on the screen, the leaf was excited by touching the sensitive hairs with a camel-hair pencil. The spot flew back towards the right edge of the screen, immediately afterwards returning to its original position. This effect was repeated several times." (Nat. p. 128.)

2) „Two fine-pointed electrodes . . . were thrust into the centre of the external surface of a leaf... On thus exciting the leaf the spot of light shot to the left." (Nat. p. 128.)

höchst missliche Mangel darin, dass, wenn wir selbst Hrn. Sanderson's negative Schwankung in Folge der Reizung trotz alledem zugeben wollten, die Bedeutung dieser Schwankung, ob sie eine Veränderung des Widerstandes oder Anderes anzeigt, ganz in Frage bleibt; während doch das Interesse, das sich an die negative Schwankung des Muskels knüpft, gerade darauf beruht, dass in derselben eine Abnahme der Kraft der elektromotorisch wirksamen Muskelelemente zum Ausdrucke kommt.

Bei diesen Mängeln kann Hrn. Sanderson's Mittheilung nur einen Fingerzeig abgeben, dass auf die elektrischen Erscheinungen bei der Reizung unseres Blattes zu achten sei, und die Untersuchung der Erscheinungen hat von Grund auf zu beginnen. Wir werden aber diese Untersuchung jetzt um so lieber unternehmen, als auch schon unsere voraufgegangenen Ermittelungen uns zu derselben drängen; denn da wir dieselben Parenchymzellen, welche sich in §. 4 elektromotorisch wirksam ergaben, in §. 5 bei der Reizbewegung eine Rolle spielen sahen, ist Nichts uns näher gelegt als die Frage, ob und wie die elektromotorische Wirksamkeit dieser Zellen mit der Reizung des Blattes sich verändert.

Da die Mittelrippe der einzige Theil des Blattes ist, der bei der Reizbewegung seine Lage im Raume beibehält und an der unteren Seite in unveränderter Verbindung mit den Elektroden erhalten werden kann, so stellen wir die Thonspitzen unter etwa rechtem Winkel nach oben gebogen her und lagern sie, unter leichter Hebung des Blattes, der Mittelrippe von unten her an. Die Elasticität des Blattes, welches das Bestreben hat, sich mit seiner Spitze dem Boden zu nähern, sichert alsdann die Verbindung zwischen Blatt und Elektroden so vortrefflich, dass Erschütterungen des Topfes oder der Elektroden, wenn sie nicht gar zu heftig sind, die Spiegelstellung unberührt lassen. Erst wenn man, durch einen leichten Stoss gegen das Blatt, dieses sichtlich momentan aus seiner Lage bringt, wie es natürlich ein völliges Misslingen der folgenden Versuche in sich schliessen würde, sieht man, ebensowohl bei Compensation des bestehenden Stromes wie ohne Compensation desselben,

Schwankungen des Spiegels bald nach der einen bald nach der anderen Seite hin auftreten und zwar Schwankungen der Art, dass der Spiegel jedesmal rasch um 5—20 Sc. ausschlägt und sogleich wieder in die frühere Stellung oder wenigstens ohngefähr in dieselbe zurückkehrt. Offenbar rühren diese Schwankungen zum grössten Theile daher, dass die Ableitungspunkte verschoben werden, und die Verbesserung oder Verschlechterung der Verbindung zwischen Blatt und Elektroden ist daneben nur von untergeordneter Bedeutung.

Im Wechseln mit den Reizungsweisen bin ich Hrn. Sanderson nicht gefolgt, sondern habe mich immer an eine und dieselbe Reizungsweise gehalten. Wie ich die Empfindlichkeit der oberen Blattfläche kennen gelernt hatte, durfte ich an eine Durchbohrung derselben mit feinen Platinelektroden nicht denken; und von einem solchen Verfahren an der unteren Blattfläche (s. o. S. 125 Anm. 2) hielt mich die Ueberlegung zurück, dass dann die normale Schliessung des Blattes behindert und dadurch leicht auch eine Verrückung der Mittelrippe auf den Elektroden bedingt sein musste. Ebensowenig mochte ich mich zum Experimentiren mit Fliegen entschliessen, weil die gewaltsamen Befreiungsversuche des Thieres das Blatt auf den Elektroden verschieben konnten. Dagegen ist die Reizung des Blattes durch die Bewegung eines sensiblen Haares, sei es mittelst eines feinen Pinsels, sei es mittelst eines fein zugespitzten Hölzchens, von allen Bedenken frei und schont zugleich am meisten das werthvolle Material. Hrn. Kurtz, der immer diese Reizungsweise bei meinen Versuchen in Anwendung brachte, gelang es dabei — mit höchst seltenen Ausnahmen, wo dann die Versuche verworfen wurden —, jede Berührung und Bewegung des Blattes selbst zu vermeiden und auch den zur Reizung verwandten Körper so rasch wieder zu entfernen, dass die Schliessung des Blattes durchaus normal sich vollziehen konnte. Die letztere Reizungsweise ist also stets im Folgenden bei meinen Versuchen vorauszusetzen.

Reizen wir nun unser Blatt bei Ableitung von den beiden Enden der Mittelrippe und ohne Compensation des bestehenden aufsteigenden Stromes, so beobachten wir Folgendes. Es sei z. B. eine Ablenkung von 30 Sc. vorhanden. Zuerst nach der Reizung nimmt die Ablenkung sehr rasch auf 25—20 Sc. ab, und darauf nimmt sie sogleich etwas langsamer, doch immer noch rasch, auf 40—60 Sc. zu. Alles dies ist in längstens 20 Secunden nach der Reizung vor sich gegangen. Nun verweilt der Spiegel nur momentan auf dem Maximum der Ablenkung und kehrt dann langsam, in etwa einer Minute, zu seiner Anfangsstellung zurück. Der Art ist das regelmässige Ergebniss des Versuches; und wir finden somit als Folge der Reizung eine positive Schwankung des Stromes mit negativem Vorschlage, die wir kurz als Doppelschwankung bezeichnen wollen.

Wiederholen wir dieselben Reizversuche mit Compensation des ursprünglichen aufsteigenden Stromes, so erhalten wir die nämlichen Resultate. Wir haben es demnach sicher auch mit Veränderungen der Kraft, d. h. mit Veränderungen des Spannungsunterschiedes der abgeleiteten Punkte, nicht etwa blos mit Widerstandsveränderungen des Blattes zu thun. Wie weit die anfängliche Abnahme der Kraft sich erstreckt, darüber lässt sich Nichts ermitteln, weil der negative Vorschlag zu rasch vorübergeht, als dass man von Neuem compensiren könnte. Dagegen lässt sich eine neue Compensation erzielen, wenn die positive Schwankung auf ihrem Maximum oder nahe demselben sich befindet; und ich habe dann in den bestgelungenen Versuchen die Kraft um mehr als die Hälfte erhöht gefunden. Wenn also auch die Erscheinungsweise unserer Doppelschwankung von Widerstandsveränderungen des Blattes beeinflusst sein mag, so steht doch fest, dass ihr Veränderungen der Kraft zu Grunde liegen der Art, dass die Kraft zuerst sehr rasch sinkt, dann rasch sich wiederherstellt und noch beträchtlich steigt, um schliesslich langsam auf ihre ursprüngliche Grösse abzunehmen.

Auf eine ganz unerwartete Weise gelangen wir aber zu einer noch viel vollkommeneren Einsicht. Oft bleibt nämlich nach der Reizung nicht nur die Schliessung, sondern selbst jede geringste Bewegung des Blattes aus, und doch sieht der Beobachter am Fernrohre die elektrischen Erscheinungen wie sonst eintreten. So häufig ist das Vorkommniss, dass ich mindestens ebenso viele Versuche ohne Schliessung, wie mit Schliessung des Blattes angestellt habe: während manchmal sogleich auf die erste Reizung das Blatt zuging, ist andere Male erst der 2., 3. bis 7. Reizung die Schliessung gefolgt, hin und wieder, nachdem auf die vorletzte Reizung eine unvollkommene Schliessung sich eingestellt hatte. Ob nun das Blatt sich bewegt oder nicht, ob es sich unvollkommen oder vollkommen schliesst, immer kommt bei den vorbehandelten Versuchen unsere Doppelschwankung in der gleichen Weise zur Beobachtung; und immer sehen wir bei der wiederholten Reizung desselben Blattes, mögen wir jedesmal compensirt haben oder jedesmal nicht compensirt haben, oder mögen wir abwechselnd mit und ohne Compensation geprüft haben, die Erfolge der verschiedenen Reizungen nur unbedeutend, nur um wenige Scalentheile in der Grösse des negativen Vorschlages oder der positiven Schwankung, und dabei noch in unregelmässiger Weise sich von einander unterscheiden. Es geht daraus klar hervor, dass die ganze Doppelschwankung, wie sie sich uns darstellt, ohne Fehler als eine Schwankung der Kraft aufzufassen ist; denn sowohl die Formveränderung des Blattes wie auch eine etwaige Veränderung seines eigenthümlichen Widerstandes muss nach jenen Ergebnissen ohne alle Bedeutung sein gegenüber der Veränderung der Kraft.

Unwillkürlich drängt sich anfangs, wenn man die elektrischen Erscheinungen ohne die Reizbewegung ablaufen sieht, die Vermuthung auf, dass doch nur eine Verrückung des Blattes auf den Elektroden die Ursache der Erscheinungen sei. Aber die Vermuthung ist mit vollster Sicherheit zurückzuweisen. Wie ich schon gesagt habe, findet man blos Erschütterungen des Blattes, welche das Blatt sichtbar aus seiner Lage bringen, von Einfluss auf die Spiegelstellung, und derartige Erschütterungen kamen bei den besprochenen Versuchen nicht vor. Während ferner in Folge der Verschiebung des Blattes immer nur einfache Schwankungen auftreten, handelt es sich bei unseren Versuchen immer um Doppelschwankungen. Weiter erfolgen die Ausschläge des Spiegels in Folge der Verschiebung des Blattes ganz unregelmässig bald nach der einen bald nach der anderen Seite hin, und bei unseren Versuchen ist die Bewegungsrichtung des Spiegels eine constante in Bezug auf die ursprüngliche Ablenkung. Endlich ist es auch gar nicht denkbar, dass bei wiederholter Reizung des Blattes, zumal wenn wir abwechselnd compensiren und nicht compensiren, in Folge von Erschütterungen immer dieselben Erfolge eintreten sollten, wie wir es doch gefunden haben. Die Vermuthung, welche wir somit als abgethan betrachten dürfen, wird denn auch jeder Schritt in der Folge nur von Neuem widerlegen, und wir werden sogar den Grund für das Ausbleiben der Reizbewegung im geraden Gegensatze zu der Vermuthung stehen sehen.

Wir setzen nunmehr die Reizversuche fort, indem wir die Thonspitzen zwei Punkte der Mittelrippe berühren lassen, welche beide der vorderen oder beide der hinteren Hälfte der Mittelrippe angehören, so dass die Kraft im ersteren Falle aufsteigend, im letzteren Falle absteigend ist. Auch hier stellt sich in Folge der Reizung regelmässig unsere Doppelschwankung ein und nimmt denselben zeitlichen Verlauf, wie bei den früheren Versuchen. Bei bestehender aufsteigender Kraft erfolgt der Vorschlag im Sinne einer absteigenden und die Schwankung im Sinne einer aufsteigenden Kraft; bei bestehender absteigender Kraft ist das Umgekehrte der Fall, der Vorschlag erfolgt im Sinne einer aufsteigenden und die Schwankung im Sinne einer absteigenden Kraft: so dass der Vorschlag immer negativ und die Schwankung immer positiv ist in Bezug auf die bestehende Kraft. Auch hier wiederum finden wir die ganze Doppelschwankung als eine Schwankung der Kraft aufzufassen, da die Ergebnisse der Versuche, mag compensirt worden sein oder nicht, mag das Blatt sich geschlossen haben oder jede Bewegung des Blattes ausgeblieben sein, immer gerade so, wie früher, übereinstimmen.

Nur in der Grösse des Vorschlages und der Schwankung stellen sich Verschiedenheiten bei den verschiedenen Ableitungsweisen heraus. Zwar sind Vorschlag und Schwankung bei jeder einzelnen Ableitungsweise an den verschiedenen Blättern von vielfach wechselnder Grösse und bieten nirgends constante Beziehungen zu der ursprünglichen Ablenkung dar. Aber trotz allem Wechsel bleibt kein Zweifel, dass der Vorschlag bei der Ableitung von den beiden Enden der Mittelrippe im Durchschnitte kleiner ist als da, wo die Ableitung von der vorderen Hälfte der Mittelrippe geschieht, und hier wiederum kleiner ist als bei der Ableitung von der hinteren Hälfte der Mittelrippe. Während der aufsteigende Strom im ersten Falle in der Regel um weniger, oft sogar um viel weniger als ein Drittel erniedrigt wird, nimmt er im zweiten Falle sehr häufig auf die Hälfte und öfters noch weiter ab; und noch grösser ist die Abnahme des absteigenden Stromes im dritten Falle, wo es sogar nichts Seltenes ist, dass man den (aperiodischen) Spiegel zum Nullpunkte zurückkehren oder noch um einige Scalentheile den Nullpunkt überschreiten sieht: so dass hier der negative Vorschlag wirklich zur Umkehr der ursprünglichen Kraft, zum Auftreten einer aufsteigenden Kraft führt. Gerade entgegengesetzt verhält sich dann die positive Schwankung: dieselbe ist am kleinsten bei Ableitung von der hinteren Hälfte, grösser bei Ableitung von der vorderen Hälfte und am grössten bei Ableitung von beiden Enden der Mittelrippe. Dem entsprechend sehen wir, während Vorschlag und Schwankung bei Ableitung von der vorderen Hälfte der Mittelrippe von ohngefähr gleicher Grösse sind, bei Ableitung von der hinteren Hälfte den Vorschlag, bei Ableitung von den Enden der Mittelrippe die Schwankung wesentlich überwiegen und oft ein Mehrfaches dort der Schwankung, hier des Vorschlages ausmachen.

Mit besonderem Interesse verfolgen wir noch, was sich ereignet, wenn die eine Thonspitze dem hinteren Ende und die andere Thonspitze einem Punkte etwas vor der Mitte der Mittelrippe angelagert ist, so dass von vorne herein gar keine oder nur eine höchst schwache ab- oder aufsteigende Kraft vorhanden ist. Der Reizung folgt hier immer zuerst ein sehr rascher Ausschlag des Spiegels, der eine ziemlich starke aufsteigende Kraft anzeigt; dann schwingt der Spiegel etwas langsamer, aber immer noch rasch, nach der entgegengesetzten Seite hin, nur weniger und höchstens halb so weit über den Nullpunkt hinaus wie vorher, so dass eine wesentlich schwächere absteigende Kraft zu constatiren ist; und endlich kehrt der Spiegel langsam in die Anfangsstellung zurück. Man kann demnach sagen, dass hier die Doppelschwankung eintritt, wie wenn von vorne herein eine absteigende Kraft bestanden hätte.

Die Reihe unserer Prüfungen brauchte damit nicht abgeschlossen zu sein; denn durch unseren Fund, dass die elektrischen Erscheinungen nach der Reizung auch ohne die Schliessung des Blattes auftreten, sehen wir uns nicht, wie wir es anfangs glauben mussten, auf die Mittelrippe mit unseren Prüfungen beschränkt, sondern können auch noch die Blattflügel in den Bereich der Untersuchung ziehen. Aber ehe wir dazu übergehen, wollen wir unsere bisherigen Erfahrungen einer eingehenderen Betrachtung unterziehen.

Wie wir wissen, sind an der Mittelrippe, dort wo unsere Thonspitzen immer die Mittelrippe berühren, durch die Blattflügel-Parenchyme und das obere Mittelrippen-Parenchym, vor deren positiven Querschnitten wir uns befinden, starke, in der vorderen Hälfte der Mittelrippe aufsteigende, in der hinteren Hälfte absteigende Kräfte bedingt; und schwächere Kräfte gleicher Richtung gesellen sich noch durch die Neigungsströme des Blattflügel-Parenchyms hinzu. Andererseits sind durch das untere Mittelrippen-Parenchym, vor dessen negativer Fläche wir uns befinden, überall an der Mittelrippe aufsteigende Kräfte gesetzt. Aus der algebraischen Summirung aller dieser Kräfte resultirt für die Mittelrippe, dass der positivste Punkt etwas über die Mitte derselben hinaus nach hinten verschoben ist und mit dem Wachsen des Abstandes von diesem Punkte die Positivität nach beiden Enden hin abnimmt, bis zum vorderen Ende weiter als bis zum hinteren Ende.

Nun kann die Doppelschwankung, welche wir der Reizung folgen sehen, nicht in einer Veränderung der Neigungsströme begründet sein; denn nicht blos wird durch die Schliessung des Blattes die Neigung, auf welche es ankommt, nicht gestört, sondern es zeigt sich auch das Auftreten jener Schwankung überhaupt gar nicht an eine Formveränderung des Blattes geknüpft. Ebensowenig kann aber unsere Doppelschwankung auf einer Veränderung der Spannungen beruhen, welche durch das untere Mittelrippen-Parenchym bedingt sind, da alsdann die elektrischen Erscheinungen nach der Reizung überall an der Mittelrippe gleichartig und ausser Beziehung zu der gerade bestehenden Richtung der Kraft sich hätten herausstellen müssen. Auf dem Wege der Ausschliessung finden wir demnach die Doppelschwankung denjenigen Kräften zuzuschreiben, welche durch die Blattflügel-Parenchyme und das obere Mittelrippen-Parenchym, in Folge der Negativität von deren Fläche gegen den Querschnitt, an der Mittelrippe gesetzt sind. Wie diese Kräfte in der vorderen und in der hinteren Hälfte der Mittelrippe entgegengesetzt gerichtet sind, so sehen wir auch die Doppelschwankung dort und hier in entgegengesetztem Sinne verlaufen, indem der negative Vorschlag dort absteigend, hier aufsteigend und die positive Schwankung dort aufsteigend, hier absteigend ist. Wir haben also, da Widerstandsveränderungen aller Art sicher keinen Einfluss üben, aus unserer Doppelschwankung zu schliessen, dass an den Blattflügel-Parenchymen und an dem oberen Mittelrippen-Parenchyme die Negativität der Fläche gegen den Querschnitt in Folge der Reizung zuerst sinkt, dann steigt und schliesslich wieder zur ursprünglichen Grösse abnimmt.

In voller Uebereinstimmung damit steht das Auftreten der Doppelschwankung in dem Falle, dass vom hinteren Ende der Mittelrippe und von einem Punkte etwas vor der Mitte derselben abgeleitet ist. Durch die vom unteren Mittelrippen-Parenchyme gesetzte Kraft sind hier die Kräfte, welche von den anderen wirksamen Parenchymen herrühren, nahezu oder gerade compensirt, und durch die Reizung wird die Compensation in der Art gestört, dass anfangs die erstere Kraft, später die letzteren Kräfte das Uebergewicht erlangen, bis endlich die Compensation sich wieder herstellt. Gewissermassen den Uebergang zu diesem Falle stellen diejenigen Fälle vor, in welchen bei Ableitung von der hinteren Hälfte der Mittelrippe und ursprünglicher absteigender Kraft der negative Vorschlag zur

Umkehr der Kraft führt: auch hier handelt es sich offenbar nur um ein Hervortreten der durch das untere Mittelrippen-Parenchym gesetzten Kraft in Folge der Schwächung der anderen Kräfte, und die Annahme, dass die Spannungen an den Blattflügel-Parenchymen und an dem oberen Mittelrippen-Parenchyme wirklich sich umkehrten, die Fläche dieser Parenchyme positiv würde gegen den Querschnitt, wäre durchaus unzulässig.

Verständlich ist es dann auch sogleich, dass der negative Vorschlag bei Ableitung von der hinteren Hälfte der Mittelrippe grösser ist, als bei Ableitung von der vorderen Hälfte, da in dem ursprünglichen ab- resp. aufsteigenden Strome die durch die Reizung schwankenden Kräfte im ersteren Falle verkleinert zum Ausdrucke kommen, im letzteren Falle vergrössert durch die vom unteren Mittelrippen-Parenchyme herrührende Kraft, welche selber nicht der Veränderung unterliegt. Dagegen bleibt es unklar, dass nicht das Gleiche auch für die positive Schwankung gilt und diese vielmehr im ersteren Falle noch kleiner ist als im letzteren Falle. Ebenso ist es nicht einzusehen, weshalb die positive Schwankung da, wo ursprünglich gar kein Strom vorhanden ist, vom negativen Vorschlage immer so auffällig an Grösse übertroffen wird. Vollends entziehen sich dem Verständnisse der Erfolg der Versuche mit Ableitung von den beiden Enden der Mittelrippe und die Beziehung, in welcher dieser Erfolg zu den Erfolgen der Versuche mit andersartiger Ableitung steht. Mit alledem sehen wir Schwierigkeiten gegeben, welche bei dem jetzigen Stande unserer Einsicht sich nicht überwinden lassen.

Es scheint danach nicht anders sein zu können, als dass die Doppelschwankung doch noch verwickeltere Vorgänge im Blatte anzeigt, als wir es bisher angenommen haben; und es liegt am nächsten, dass wir uns von den Ergebnissen der Versuche mit Ableitung von den Mittelrippen-Enden leiten lassen und dem unteren Mittelrippen-Parenchyme gleichfalls eine Rolle für die Doppelschwankung zuerkennen. Lassen wir auch an diesem Parenchyme die Negativität der Fläche gegen den Querschnitt in Folge der Reizung solche Veränderungen wie an den anderen wirksamen Parenchymen erfahren, mit dem Unterschiede nur, dass, während bei den letzteren Parenchymen Sinken und Steigen von etwa gleicher Grösse sind, bei dem unteren Mittelrippen-Parenchyme das anfängliche Sinken an Grösse sehr zurücksteht gegen das nachmalige Steigen, so scheinen alle Schwierigkeiten mit Einem Schlage beseitigt. Doch nicht so ohne Weiteres dürfen wir zu diesem Auskunftsmittel greifen. Hin und wieder geht, was ich, um die Darlegung zu vereinfachen, bisher verschwiegen habe, bei den besprochenen Reizversuchen, gleichviel wo die Ableitung geschieht, dem negativen Vorschlage noch ein positiver Vorschlag vorher, so dass eine complicirte Schwankung, wie ich sie nennen will, an die Stelle der Doppelschwankung tritt: und diese Erfahrung würde bei der eben vervollkommneten Einsicht noch mindestens ebenso unverständlich wie vorher sein. Ausserdem muss Folgendes ganz besonders in's Gewicht fallen. Als es sich oben ergeben hatte, dass an den Blattflügel-Parenchymen und an dem oberen Mittelrippen-Parenchyme die Negativität der Fläche gegen den Querschnitt in Folge der Reizung zuerst sinkt, dann steigt und schliesslich wieder zur ursprünglichen Grösse abnimmt, konnte, da Widerstandsveränderungen aller Art am Blatte ausgeschlossen waren, Nichts dem im Wege zu stehen scheinen, dass wir die entsprechenden Veränderungen auch für die Zellen in Anspruch nahmen, welche jene Parenchyme constituiren. Trotzdem haben wir vorsichtiger Weise diesen letzten Schluss nicht gezogen, weil für die einzelne Parenchymzelle die anfängliche Abnahme und die nachmalige Zunahme der Negativität ihrer Mitte gegen ihre Pole einen verwickelten Vorgang abgeben, zu dessen Annahme man sich nicht eher entschliessen darf, als jede Möglichkeit eines einfachen Vorganges, einer blossen Abnahme oder einer blossen Zunahme, sicher fortgefallen ist. Sollte nun aber wirklich, wie wir es vermuthen dürfen, ein einfacher Vorgang an den betreffenden Parenchymzellen der Doppelschwankung zu Grunde liegen, so wäre es sogar denkbar, dass die vorher unverständlichen Erfahrungen schon dadurch allein ihre Erklärung fänden. Bevor wir also die Bedeutung des unteren Mittelrippen-Parenchyms, die nach dem Dargelegten immer nur eine untergeordnete sein kann gegenüber der Bedeutung der anderen wirksamen Parenchyme, mit Sicherheit zu ermessen vermögen, müssen wir über die Vorgänge an den Blattflügel-Parenchymen und an dem oberen Mittelrippen-Parenchyme noch mehr in's Klare gekommen sein. Es gilt daher vor Allem zu untersuchen, ob nicht unsere Doppelschwankung der Ausdruck einfacher elektrischer Vorgänge an den Zellen der letztgenannten Parenchyme ist.

Worauf man zunächst verfällt, ist die Vermuthung, dass die Doppelschwankung darauf zurückzuführen sei, dass ein einfacher elektrischer Vorgang an den Zellen, wenn auch sonst gleichmässig, doch ungleichzeitig verlaufe, weil er der Fortpflanzung von dem Orte der Reizung aus bedarf. In der That ist leicht zu übersehen, dass, wenn die Dauer des Vorganges nur klein wäre und die Fortpflanzung desselben langsam erfolgte, eine Doppelschwankung, wie wir sie gefunden haben, unter Umständen zur Beobachtung kommen müsste, wenn auch in Folge der Reizung blos eine Abnahme oder blos eine Zunahme der Negativität der Mitte der Zellen gegen ihre Pole einträte, wenn auch, wie wir kurz sagen wollen, die Zellen blos eine negative oder blos eine positive Schwankung erführen. Im Falle z. B. einer negativen Schwankung der Zellen würde alsdann eine positive Schwankung mit negativem Vorschlage zur Erscheinung kommen, wenn wir bei Ableitung von zwei Punkten der hinteren Hälfte der Mittelrippe am vorderen Ende oder bei Ableitung von zwei Punkten der vorderen Hälfte der Mittelrippe am hinteren Ende des Blattes reizten; und dasselbe würde im Falle einer positiven Schwankung der Zellen statthaben, sobald wir bei Ableitung von der vorderen Hälfte der Mittelrippe am vorderen oder bei Ableitung von der hinteren Hälfte der Mittelrippe am hinteren Ende des Blattes die Reizung vornähmen. Aber zugleich übersieht man, dass alsdann unter anderen Umständen, so wenn man in den gewählten Beispielen jedes Mal am hinteren, statt am vorderen, resp. am vorderen, statt am hinteren Ende des Blattes reizte, gerade die umgekehrte Doppelschwankung auftreten müsste, eine negative Schwankung nämlich mit positivem Vorschlage. Die Doppelschwankung würde danach in zweierlei Form sich uns darbieten und in ihrer jedesmaligen Form vom Orte der Reizung abhängig sich herausstellen müssen; auch würde sie, wie sich weiter ergiebt, in ihrer Erscheinungsweise beeinflusst sein müssen von dem Abstande der Elektroden, indem mit der Verringerung dieses Abstandes der Vorschlag an Grösse immer mehr gegen die Schwankung zurücktreten müsste. Alles dies trifft aber für unsere Doppelschwankung nicht zu, und deshalb kann von der Vermuthung, um die es sich handelt, nicht weiter die Rede sein.

Was die Frage nach der Erscheinungsweise unserer Doppelschwankung bei wechselndem Orte der Reizung anbetrifft, so habe ich derselben wegen einer von Hrn. Sanderson gemachten Angabe eine ganz besondere Aufmerksamkeit gewidmet. Auf Grund der oben S. 125 besprochenen Bemerkung Hrn. Sanderson's, dass die Nadel weiter nach links zur Ruhe komme als zuvor, glaube ich nämlich annehmen zu dürfen, dass Hr. Sanderson den Erfolg der Reizung, wenigstens bei seinen ersten Versuchen, richtig beobachtet und nur seine Beobachtungen durchaus missverstanden hat, indem er, voreingenommen für die Uebereinstimmung der elektrischen Erscheinungen bei der „Contraction" des Blattes und des Muskels, eine negative Schwankung da zu sehen vermeinte, wo in der Wirklichkeit eine positive Schwankung mit negativem Vorschlage sich zeigte. Wenn dem so ist, würde Hrn. Sanderson auch unsere complicirte Schwankung, welche ich vorhin erwähnte, aufgestossen sein in den Fällen, wo er seiner negativen Schwankung einen leichten positiven Ausschlag vorausgehen lässt[1]). Aber das Auftreten dieser complicirten Schwankung würde dann nach Hrn. Sanderson's Angabe eigenthümlich sein der Reizung des Blattes an „einer dem Stiele zunächst gelegenen Stelle der mittleren Partie", während bei der Wahl anderer Reizungsstellen nur unsere Doppelschwankung zur Beobachtung käme[1]). Wäre nun der Erfolg der Reizung wirklich derart vom Orte der Rei-

1) S. oben S. 123—4.

zung abhängig, es würde für die vorbesprochene Vermuthung doch Nichts weiter zu besagen haben, weil es sich hier nur um die complicirte Schwankung gegenüber der Doppelschwankung, nicht um verschiedene Formen der Doppelschwankung selber handelt; überdies würde, beiläufig bemerkt, schon die Existenz der complicirten Schwankung für sich allein ausreichend jene Vermuthung widerlegen. Allein Hrn. Sanderson's Angabe ist auch geradezu unrichtig. Ich habe bei Ableitung von den beiden Enden der Mittelrippe auf Bewegung des vordersten Haares — solche Reizung hat auch Hr. Sanderson gemeint — in der Regel unsere Doppelschwankung erhalten, und die complicirte Schwankung ist mir hier durchaus nicht öfter vorgekommen, als nach der Bewegung anderer Haare, welcher ich sie also gleichfalls habe folgen sehen. Ich habe es ferner ziemlich häufig beobachtet, dass bei mehrmaliger Reizung desselben Blattes, wenn die Reizung immer an demselben, gleichviel welchem, Haare statthatte, ein einzelnes Mal die complicirte Schwankung eintrat, während die anderen Male immer Doppelschwankungen sich einstellten. Endlich habe ich bei Ableitung sowohl von den beiden Enden wie von den verschiedensten anderen Punkten der Mittelrippe, wie auch, um dies sogleich vorwegzunehmen, bei Ableitung von den Blattflügeln systematisch mit dem Orte der Reizung gewechselt, oft an einem und demselben Blatte, wenn die Reizungen nicht zur Schliessung des Blattes führten; und ich habe gefunden, dass, mochte das vordere oder das hintere oder das mittlere Haar an dem einen oder an dem anderen Blattflügel bewegt sein, die Erfolge der verschiedenen Reizungen doch nur ebensowenig und ebenso unregelmässig von einander abwichen, wie es bei stets gleichem Reizungsorte der Fall ist. Danach kann weder die complicirte Schwankung in irgend einer Beziehung zum Orte der Reizung stehen, noch kann überhaupt von diesem Orte der Erfolg der Reizung, innerhalb der Genauigkeitsgrenzen unserer Untersuchung, irgendwie abhängig sein.

Es bietet sich nun noch eine andere Möglichkeit dar, wie die Doppelschwankung auf einem einfachen elektrischen Vorgange an den Zellen beruhen könnte, die nämlich, dass der eine Theil der Zellen eine positive und der andere Theil eine negative Schwankung in Folge der Reizung erführe. Natürlich könnten die Zellenpartieen verschiedenen Verhaltens weder nach der Länge noch nach der Breite des Blattes aneinandergereiht sein, sondern sie müssten in der Dicke des Blattes neben einander liegen; und die Doppelschwankung liesse sich dann aus zwei Einzelschwankungen entstanden denken, etwa in der Art, wie es Fig. 29 zeigt, in welcher die ausgezogene Curve die Resultirende der beiden gestrichelten Curven ist. Allerdings hätte bei jedem anderen Körper von durchweg gleichem Baue der Gedanke an die Möglichkeit etwas Ungereimtes und von vorne herein Widerstehendes. Aber hier, wo wir das Blattflügel-Parenchym, trotz allem Fehlen unterscheidender anatomischer Merkmale, in seinen beiden Hälften doch in gewisser Hinsicht physiologisch ungleichwerthig erkannt haben, wo wir das obere Blattflügel-Parenchym (die obere Hälfte) mit dem oberen Mittelrippen-Parenchyme rücksichtlich der Empfindlichkeit und rücksichtlich der Leistungen bei der Reizbewegung so sehr haben abweichen sehen von dem unteren Blattflügel-Parenchyme (der unteren Hälfte) mit dem unteren Mittelrippen-Parenchyme, ist die Möglichkeit nicht von der Hand zu weisen, dass auch in elektrischer Beziehung nach der Reizung die ersteren Parenchyme anders sich verhalten als die letzteren.

Wir sehen denn auch sogleich gewichtig für die Möglichkeit sprechen das Auftreten der complicirten Schwankung neben der Doppelschwankung. Während, wenn alle Zellen erst eine negative und dann eine positive Schwankung erführen, das Vorkommen der complicirten Schwankung durchaus unverständlich wäre, lässt sich nicht nur diese Schwankung ohne Weiteres als die Resultirende einer positiven und einer negativen Einzelschwankung begreifen, wie es in Fig. 31 die ausgezogene Curve erläutert als entstanden durch die algebraische Summation der beiden gestrichelten Curven, sondern es ist auch leicht zu übersehen, wie in Folge blos eines verschiedenen zeitlichen Verlaufes der beiden Einzelschwankungen aus diesen das eine Mal die Doppelschwankung, das andere Mal die complicirte Schwankung hervorgehen kann. Aber eine noch viel werthvollere Stütze giebt sich uns in der complicirten Schwankung zu erkennen, wenn wir ihr Auftreten und ihre Erscheinungsweise in einer gewissen Verbindung mit den Doppelschwankungen näher in's Auge fassen.

Es ist eine anfangs ganz räthselhafte Erfahrung bei unseren obigen Reizversuchen, dass die sehr reizbaren Blätter, welche man mit Vorliebe für diese Versuche verwendet, und welche auch vorher und nachher, wenn man sie ohne Beachtung der elektrischen Erscheinungen prüft, jede Reizung mit ihrer Schliessung beantworten, bei jenen Versuchen selbst so oft die Reizbewegung vermissen lassen oder nur eine unvollkommene Schliessung zeigen. Doch ist eine einfache Ueberlegung das Räthsel zu lösen im Stande. Damit die Schliessung eintrete, ist offenbar nicht nur eine Reizung überhaupt, sondern auch eine gewisse Grösse der Reizung erforderlich. Nun kommt es für gewöhnlich, wenn man das Blatt zur Schliessung bringen will, gar nicht darauf an, ob das Blatt selbst dabei bewegt wird oder nicht, man braucht den Angriff auf das Haar deshalb nicht sorgfältig abzumessen, und man reizt daher in der Regel sogleich ausreichend stark. Bei den obigen Reizversuchen dagegen bringt der Umstand, dass jede Erschütterung des Blattes vermieden werden muss, es mit sich, dass man äusserst behutsam das Haar bewegt; und deshalb ist die Reizung oft anfangs zu schwach, deshalb bleibt oft die Schliessung ganz aus oder kommt nur unvollkommen zu Stande. Das Auftreten und das Ausbleiben der Reizbewegung zeigen also bei unseren obigen Reizversuchen, bei der wiederholten Reizung desselben Blattes, die grössere resp. geringere Stärke der Reizung an, gerade so wie sie sonst, bei etwa gleicher Reizstärke, die grössere resp. geringere Reizbarkeit der Blätter kundthun.

In den Fällen der wiederholten Reizung desselben Blattes muss es sich danach herausstellen, welchen Einfluss die Stärke der Reizung auf unsere Doppelschwankung hat, wenn wir die mit der Reizbewegung verbundenen elektrischen Erscheinungen mit den ohne die Reizbewegung ablaufenden vergleichen. Bei einer früheren Betrachtung der betreffenden Versuche (S. 129) habe ich gesagt, dass die Erfolge aller der verschiedenen Reizungen nur unbedeutend, nur um wenige Scalentheile in der Grösse des negativen Vorschlages oder der positiven - Schwankung, und dabei noch in unregelmässiger Weise sich unterscheiden. Das bedarf aber jetzt einer Berichtigung insofern, als bei genauer Musterung doch gerade in Bezug auf das, was uns augenblicklich interessirt, eine Besonderheit in den Versuchsergebnissen sich findet. Wo nämlich die Reizbewegung eintritt, zeigt sich bald blos der negative Vorschlag, bald blos die positive Schwankung, bald zeigen sich beide verändert, und zwar ist dann der Vorschlag ebensogross oder grösser, die Schwankung ebensogross oder kleiner, als da, wo das Blatt in Ruhe verharrt; nie aber ist im ersteren Falle der Vorschlag kleiner oder die Schwankung grösser, als im letzteren Falle. Hin und wieder kommt es bei Versuchen, welche nur aus einer Reizung ohne Schliessung und einer Reizung mit Schliessung sich zusammensetzen, wohl vor, dass bei der letzteren Reizung der zuerst kleine Vorschlag bis auf das Doppelte vergrössert oder die zuerst grosse Schwankung bis auf ein Viertel verkleinert erscheint; allein das sind Ausnahmefälle, und in der Regel handelt es sich blos um wenige Scalentheile. Die Versuche mit öfters wiederholter Reizung ohne Schliessung lehren auch, dass auf die Grösse der Veränderung kein Gewicht gelegt werden darf, da hier bei den verschiedenen Reizungen ohne Schliessung oft ebensogrosse und noch grössere Unterschiede in der Grösse des Vorschlages und der Schwankung vorkommen, als sie die Reizung mit Schliessung den Reizungen ohne Schliessung gegenüber darbietet. Charakteristisch ist vielmehr nur, dass die mit der Schliessung verknüpften Veränderungen der Doppelschwankung immer in einer Vergrösserung des Vorschlages oder in einer Verkleinerung der Schwankung oder in jener Vergrösserung und dieser Verkleinerung zugleich bestehen, nie aber umgekehrt als eine Verkleinerung des Vorschlages oder eine Vergrösserung der Schwankung sich darstellen. Diese Erfahrung, so regelmässig in so vielen Versuchen wiederkehrend, kann kein blosser Zufall sein; und die Abhängigkeit der Doppelschwankung von der Stärke der Reizung ist somit dahin auszusprechen, dass mit dem Wachsen der Reizung entweder der Vorschlag oder die Schwankung oder beide zugleich derart sich verändern, dass der Vorschlag grösser, die Schwankung aber kleiner wird.

Da die Erscheinung der Doppelschwankung im Ganzen als vom Widerstande unabhängig erwiesen ist, und da die geschilderten Versuchsergebnisse sowohl mit wie ohne Compensation wie auch mit Wechsel von Compensation und Nichtcompensation in gleicher Weise erhalten werden, können Widerstandsveränderungen am Blatte unserer Erfahrung nicht zu Grunde liegen; und es ist die gefundene Abhängigkeit der Doppelschwankung ebenso auf die Kräfte der Parenchyme und ihrer Zellen zu beziehen, wie die Doppelschwankung selber. Daraus erwachsen aber neue und unüberwindliche Schwierigkeiten für die Vorstellung, dass alle wirksamen Zellen erst eine negative und dann eine positive Schwankung erfahren. Denn es widerstrebt die Annahme, dass mit dem Wachsen der Reizung die negative Schwankung der Zellen gleichfalls wachsen, ihre positive Schwankung aber abnehmen solle; und giebt man dieses selbst zu, so bleibt es doch ganz unerklärlich, dass unter Umständen mit wachsender Reizung nur die eine oder nur die andere Schwankung sich verändern solle. Im Gegensatze dazu ist auf Grund der anderen Möglichkeit, dass die eine Hälfte der Zellen in der Dicke des Blattes eine negative und die andere Hälfte der Zellen eine positive Schwankung erfahre, das Verständniss der gefundenen Abhängigkeit leicht zu gewinnen. Beide Einzelschwankungen können dann naturgemäss mit der Reizung wachsen, und nur ihr zeitlicher Verlauf braucht mit wachsender Reizung derart verschieden sich zu verändern, dass die positive Einzelschwankung rascher an Steilheit des Ansteigens zunimmt als die negative Einzelschwankung und mithin das Maximum der ersteren Schwankung dem der letzteren sich immer mehr nähert. Auch die Abhängigkeit der Doppelschwankungen von der Stärke der Reizung sehen wir also ein bedeutsames Moment zu Gunsten der letzteren Möglichkeit abgeben, und das Gewicht, welches dieses Moment schon im Augenblicke hat, wird durch die nächste Folge noch wesentlich vergrössert werden.

Betrachten wir nämlich jetzt die complicirte Schwankung näher. Ich habe sie der Doppelschwankung gegenüber bisher nur dadurch charakterisirt, dass dem negativen Vorschlage noch ein positiver Vorschlag voraufgeht. Aber ausserdem ist sie noch in zweierlei Weise ausgezeichnet. Erstens ist ihr Auftreten immer und ausnahmslos mit der Schliessung des Blattes verknüpft. Ich habe sie in ca. 10 % der Fälle, in welchen die Reizung zur Schliessung des Blattes führte, beobachtet, und nie ist sie mir vorgekommen, wenn das Blatt in Ruhe blieb oder sich nur unvollkommen schloss. Zweitens sind bei ihr die Maxima der Vorschläge wie der Schwankung viel kleiner als die Maxima des Vorschlages und der Schwankung bei der Doppelschwankung, wie mit besonderer Sicherheit zu constatiren ist, wenn man in Versuchsreihen mit wiederholter Reizung zuletzt die complicirte Schwankung erhält. Im Uebrigen ist das Verhalten der complicirten Schwankung ein vielfach verschiedenes. Am häufigsten stellt sie sich etwa so dar, wie es die ausgezogene Curve Fig. 31 zeigt: die beiden Vorschläge sind von ohngefähr gleicher Grösse und Dauer, und von wiederum etwa gleicher Grösse, aber längerer Dauer ist dann die positive Schwankung, bei welcher der Spiegel manchmal eine Weile auf dem Maximum der Ablenkung verharrt. Es kommt aber auch häufig vor, dass der negative Vorschlag wesentlich kleiner als der positive Vorschlag ist, und ich habe in seltenen Fällen den ersteren sogar ganz ausfallen sehen, indem der Spiegel, vom positiven Vorschlage zur Anfangsstellung zurückgekehrt, unmittelbar nochmals in positivem Sinne abgelenkt wurde. Das Maximum der positiven Schwankung habe ich öfters auch das des positiven Vorschlages übertreffen, selten hinter dem letzteren zurückbleiben sehen.

Diese Erscheinungsweise der complicirten Schwankung und ihr ausschliessliches Auftreten in Verbindung mit der Schliessung des Blattes, wodurch sie als die Folge einer starken Reizung gekennzeichnet ist, liefern offenbar, so gut wir es nur wünschen konnten, den Beweis für die Richtigkeit der Vorstellung, welche wir von den Veränderungen der Doppelschwankung mit wachsender Reizung vorhin gewonnen haben.

Indem die beiden Einzelschwankungen immer weiter wachsen, zugleich aber die positive Einzelschwankung immer rascher an Steilheit zunimmt als die negative, muss schliesslich an die Stelle der Doppelschwankung eine andere Schwankungsform treten mit eben den Eigenschaften, welche wir an unserer complicirten Schwankung wahrgenommen haben. Und damit ist zugleich die complicirte Schwankung ihrerseits vollkommen verständlich geworden als das Endglied der Reihe von Doppelschwankungen bei wachsender Reizung.[1]) Die ganze Summe von Erfahrungen, welche wir behandelten, seit wir die Möglichkeit in Betracht zogen, dass die eine Hälfte der Zellen eine positive und die andere Hälfte eine negative Schwankung erfahre, hat also auf Grund dieser Annahme ihre einheitliche und einfache Erklärung gefunden, während dieselbe bei der anderen Annahme, dass alle Zellen erst eine negative und dann eine positive Schwankung erfahren, in jedem Stücke sich dem Verständnisse entzieht. Von der letzteren Annahme ist mithin abzusehen, und nur die erstere Annahme kann der Wirklichkeit entsprechen.

Zu demselben Resultate gelangen wir auch auf einem anderen Wege, wenn wir nämlich die Folgen der Reizung an den Blattflügeln untersuchen, was wir so lange verschoben haben.

Berühren unsere Thonspitzen an der unteren Fläche des Blattflügels zwei in derselben Querlinie nach innen von der Haupt-Längslinie gelegene Punkte, so tritt auf Reizung eine reine positive Schwankung ein, oder es geht der positiven Schwankung höchstens ein spurweiser negativer Vorschlag, ein Zucken des Spiegels in negativem Sinne, voraus. Die positive Schwankung erscheint dabei desto grösser, je grösser der Abstand

---

1) Die Figg. 29, 30 und 31 veranschaulichen die zur Beobachtung kommenden Schwankungen und deren Entstehung aus den Einzelschwankungen, bei wachsender Reizung. Die ursprüngliche Kraft ist durch die der Abscissenaxe parallele punktirte Gerade angezeigt. Die Verdickung der Abscissenaxe in Fig. 30 zeichnet die Zeit aus, zu welcher neben den elektrischen Veränderungen auch die Reizbewegung erfolgt (s. unten S. 154).

der Elektroden und damit die ursprüngliche Ablenkung ist, und erhöht die letztere um ca. $^1/_2$—$^2/_3$. Sind die berührten Punkte der unteren Fläche des Blattflügels zu beiden Seiten der Haupt-Längslinie gelegen, so verhält sich Alles gerade so, wie wenn es sich um zwei Punkte gleicher Spannungsdifferenz auf der inneren Seite der Haupt-Längslinie handelte. Bei Ableitung endlich von einem der Haupt-Längslinie nahen Punkte der unteren Fläche des Blattflügels und dem derselben Querlinie zugehörigen Punkte der Mittelrippe, dort wo wir die Mittelrippe immer berühren, stellt sich regelmässig deutlich unsere Doppelschwankung ein, doch beträgt der negative Vorschlag nur 1—3 Sc., selten noch etwas mehr und ist somit auffallend klein gegenüber der ursprünglichen grossen Ablenkung; die positive Schwankung erhöht hier diese Ablenkung mindestens um die Hälfte, oft auf das Doppelte.

Ich brauche es wohl nicht als eine unumgängliche Bedingung dieser Versuche noch besonders hervorzuheben, dass die Reizbewegung ausbleiben muss. In günstigen Fällen lässt sich derselbe Versuch fünfmal und öfter anstellen, ehe das Blatt sich schliesst, und man sieht alsdann die Folgen der verschiedenen Reizungen, selbst wenn man abwechselnd compensirt und nicht compensirt, nur so unbedeutend von einander abweichen wie bei den früheren Reizversuchen. Schliesst sich endlich das Blatt, so hat man aus Gründen, die wir später werden kennen lernen, noch Gelegenheit zu beobachten, dass der negative Vorschlag dieses Mal ein wenig grösser als bei den voraufgegangenen Reizungen ist; ein positiver Vorschlag vor dem negativen ist mir hier nie vorgekommen.

Die Ergebnisse dieser Versuche sind nun nach der einen Richtung hin ohne Weiteres und auf das Einfachste entscheidend. Wir haben jetzt das Verhalten der Kraft vor der Fläche des Blattflügel-Parenchyms, wie auch zwischen der Fläche und dem Querschnitte desselben Parenchyms geprüft; und wo die Ableitung von einem der Haupt-Längslinie nahen Punkte einer mittleren Querlinie und dem zugehörigen Punkte der Mittelrippe geschah, haben wir sogar das Verhalten der Spannungsdifferenz zwischen einem der negativsten Punkte vor der

Fläche und einem der positivsten Punkte vor dem Querschnitte des Blattflügel-Parenchyms untersucht, einer Spannungsdifferenz, welche viel grösser ist als die grösste Spannungsdifferenz, welche vorher der Prüfung unterlag, als wir ausschliesslich von der Mittelrippe ableiteten. Wenn alle wirksamen Zellen in Folge der Reizung erst eine negative und dann eine positive Schwankung erführen, hätten mithin bei unseren neuen Versuchen ebensogrosse und noch grössere negative Vorschläge sich ergeben müssen, als bei unseren früheren Reizversuchen. Statt dessen hat sich neuerdings der negative Vorschlag ganz vermissen lassen, oder er ist nur spurweise und selbst im äussersten Falle in nur sehr geringer Grösse aufgetreten. Es kann danach kein Zweifel sein, dass die Annahme eines gleichen Vorganges an allen wirksamen Zellen, einer anfänglichen negativen und späteren positiven Schwankung derselben, unbedingt zu verwerfen ist.

Nach der anderen Richtung hin sprechen dieselben Ergebnisse sehr zu Gunsten der zweiten Möglichkeit, dass die eine Hälfte der Zellen in der Dicke des Blattes eine negative und die andere Hälfte eine positive Schwankung erfährt, so zwar, dass die negative Schwankung an den oberen Hälften der Blattflügel-Parenchyme und an dem oberen Mittelrippen-Parenchyme, die positive Schwankung an den unteren Hälften der Blattflügel-Parenchyme sich vollzieht. Setzen wir den extremen Fall, dass die negative Schwankung zur Unwirksamkeit der von ihr betroffenen Parenchyme führt, so erläutern die Figg. 32 *a* und *b* (Taf. I.) an einem durch die Mittelrippe und die benachbarten Partieen der Blattflügel gelegten Querschnitte die Veränderungen, welche die Spannungen in den Querlinien der unteren Blattfläche in Folge der negativen Schwankung erfahren müssen. In Fig. 32*a* hat man vom Punkte *m* aus, wo unsere Elektroden immer die Mittelrippe berühren, den positiven (schraffirten) Gesammtquerschnitt der Blattflügel-Parenchyme und des oberen Mittelrippen-Parenchyms vor sich. Dagegen ist in Fig. 32*b* der positive Querschnitt der oberen Hälften der beiden Blattflügel-Parenchyme und des oberen Mittelrippen-Parenchyms fortgefallen, und blos unwirksamer Leiter erfüllt den Zwischenraum zwischen den unteren Hälften der beiden Blattflügel-Parenchyme. Im letzteren Falle ist, wie man sieht, der Punkt *m* nicht mehr der positivste Punkt der beiden Querlinien des Schnittes, sondern hat an Positivität gegen früher verloren, und der positivste Punkt der jederseitigen Querlinie ist jetzt nach aussen vom Punkte *m* gelegen. Nimmt man nun noch dazu, dass in der Wirklichkeit, während das obere Mittelrippen-Parenchym und die oberen Hälften der beiden Blattflügel-Parenchyme ein ununterbrochenes Ganzes bilden, dessen Zellen überall aneinanderstossen, zwischen die beiden Hälften jedes Blattflügel-Parenchyms, wenigstens stellenweise, unwirksamer Leiter in der Form der Seitennerven eingeschoben ist, so müssen auch jetzt an der unteren Fläche des Blattflügels die isoëlektrischen Curven gleicher Spannungsdifferenz spurweise weiter auseinanderfallen als vorher. In dieser Art müssen also jedesmal die Spannungen in den Querlinien der unteren Blattfläche durch die negative Schwankung sich verändern, nur in desto geringerem Grade, je weiter die betroffenen Parenchyme von der Unwirksamkeit entfernt bleiben. Und damit stimmen die Ergebnisse unserer Versuche vortrefflich überein, da wir gar keinen oder nur einen spurweisen negativen Vorschlag bei Ableitung von dem Blattflügel allein fanden, einen etwas grösseren negativen Vorschlag aber, sobald die eine Elektrode die Mittelrippe berührte.

Auch dass der letztere Vorschlag immer viel kleiner war im Verhältniss zur ursprünglichen Ablenkung, als der Vorschlag bei Ableitung von zwei Punkten der Mittelrippe, lässt sich im Anschlusse an das eben Verhandelte sehr wohl verstehen. Die Abnahme der Kraft, welche bei Ableitung von einem Punkte des Blattflügels und dem derselben Querlinie zugehörigen Punkte der Mittelrippe durch die negative Schwankung der oberen Parenchymzellen herbeigeführt wird, ist offenbar zu vergleichen der Abnahme der Kraft, welche eintritt, wenn an der seitlichen Hälfte der Vorrichtung Fig. 19 ein ableitender Bogen mit seinem einen Fusspunkte auf der oberen Fläche (Fig. 19 *A*), mit seinem anderen Fusspunkte in derselben Querlinie auf dem äusseren Querschnitte (Fig. 19 *B*) und zwar über der Mitte des Zinks sich befindet und der letztere Fusspunkt, immer in der Querlinie, nach der unteren Fläche der Vorrichtung hin verschoben wird. Ebenso entspricht die Abnahme der Kraft, welche bei Ableitung von zwei Punkten der Mittelrippe durch die negative Schwankung der oberen Parenchymzellen bedingt ist, derjenigen Abnahme der Kraft, welche an der Vorrichtung Fig. 19 statthat, wenn wir einen ableitenden Bogen, dessen Fusspunkte in derselben Längslinie über der Mitte des Zinks am äusseren Querschnitte der Vorrichtung stehen, mit sich parallel nach der oberen oder der unteren Fläche der Vorrichtung hin verschieben. Für die gleiche Grösse der Verschiebung muss aber, wie die Betrachtung der Vorrichtung ohne Weiteres lehrt, die Abnahme der Kraft im letzteren Falle viel beträchtlicher sein als im ersteren Falle.

Zwei durchaus verschiedene Wege, die Verfolgung der Schwankungsformen an der Mittelrippe und ihrer Abhängigkeit von der Stärke der Reizung einerseits und die Prüfung der Folgen der Reizung an den Blattflügeln andererseits, haben uns also zu ganz dem nämlichen Ziele geführt. Während es sich als unmöglich herausgestellt hat, dass die Zellen der Blattflügel-Parenchyme und des oberen Mittelrippen-Parenchyms in Folge der Reizung zuerst einer negativen und dann einer positiven Schwankung unterliegen, sind uns alle Erfahrungen, welche in Betracht kamen, verständlich geworden unter der Annahme, dass die eine Hälfte jener Zellen in der Dicke des Blattes mit einer negativen und die andere Hälfte mit einer positiven Schwankung die Reizung beantwortet. Auch hat sich noch auf dem zweiten Wege die Annahme in der wünschenswerthen Weise dahin präcisiren lassen, dass es die Zellen der oberen Hälften der Blattflügel-Parenchyme und des oberen Mittelrippen-Parenchyms sind, an welchen die negative Schwankung, und die Zellen der unteren Hälften der Blattflügel-Parenchyme, an welchen die positive Schwankung sich vollzieht. Dass derart wirklich die Zellen sich verhalten, hat sonach eine hohe Wahrscheinlichkeit für sich. Aber die Annahme hat noch eine Probe zu bestehen. Wir waren oben (S. 134) auf Schwierigkeiten gestossen, als wir unsere ersten, bei Ableitung von der Mittelrippe gemachten Erfahrungen damit zu erklären versuchten, dass an den Blattflügel-Parenchymen und an dem oberen Mittelrippen-Parenchyme die Negativität der Fläche gegen den Querschnitt in Folge der Reizung zuerst sinkt, dann steigt und schliesslich wieder zur ursprünglichen Grösse abnimmt. Allerdings bot sich uns dort der Ausweg dar, dass wir die gleichen Veränderungen auch dem unteren Mittelrippen-Parenchyme zuerkannten und nur bei diesem das anfängliche Sinken der Negativität an Grösse sehr zurückstehen liessen gegen das nachmalige Steigen. Allein dieser Ausweg erschien uns ungenügend, weil das Vorkommen der complicirten Schwankung unverständlich blieb, und zum Mindesten verfrüht, weil das Verhalten der Zellen der anderen wirksamen Parenchyme noch genauer zu erforschen war. Nunmehr, da das Letztere geschehen, müssen wir auf unsere ersten Erfahrungen zurückkommen und von unserem jetzigen Standpunkte, der jeden Gedanken an einen verwickelten elektrischen Vorgang am unteren Mittelrippen-Parenchyme unbedingt ausschliesst, das Verständniss jener Erfahrungen zu gewinnen suchen.

Ohne dass wir auch das untere Mittelrippen-Parenchym an der Doppelschwankung betheiligt sein lassen, kommen wir zu dem Verständnisse nicht. Doch ist auch Nichts natürlicher, als dass, wenn alle anderen wirksamen Parenchyme in Folge der Reizung Veränderungen erfahren, das untere Mittelrippen-Parenchym allein nicht unverändert bleibt; und Nichts liegt näher, als dass, wie die Zellen des oberen Mittelrippen-Parenchyms mit den Zellen der oberen Hälften der Blattflügel-Parenchyme der negativen, so die Zellen des unteren Mittelrippen-Parenchyms mit den Zellen der unteren Hälften der Blattflügel-Parenchyme der positiven Schwankung unterliegen. Der so naturgemäss erweiterten Annahme sehen wir dann aber die Erfahrungen, um die es uns eben zu thun ist, in der That sich fügen, sobald wir nur den verschiedenen zeitlichen Verlauf[1]) der beiden Einzelschwankungen, welche der Doppel-

1) S. oben S. 142; Figg. 29 und 30.

schwankung zu Grunde liegen, im Auge behalten. Dass die Doppelschwankung an der vorderen und an der hinteren Hälfte der Mittelrippe in entgegengesetztem Sinne verläuft, und dass sie auch bei Ableitung vom hinteren Ende der Mittelrippe und von einem Punkte etwas vor der Mitte derselben auftritt, ist jetzt gerade so erklärlich, wie vorher (S. 133); ebenso, dass der negative Vorschlag bei Ableitung von der hinteren Hälfte der Mittelrippe grösser ist, als bei Ableitung von der vorderen Hälfte, da ja die vom unteren Mittelrippen-Parenchyme herrührende Kraft, obschon sie eine Veränderung erfährt, an der negativen Einzelschwankung doch nicht betheiligt ist. Es lässt sich jetzt aber auch sehr wohl verstehen, dass die positive Schwankung bei Ableitung von der hinteren Hälfte der Mittelrippe sich kleiner ergiebt, als bei Ableitung von der vorderen Hälfte, und dass da, wo ursprünglich gar kein Strom vorhanden ist, der negative Vorschlag immer auffällig grösser ist als die positive Schwankung; denn in diesen Fällen summiren sich algebraisch, um die positive Einzelschwankung zu bilden, die einander entgegengesetzt gerichteten gleichzeitigen Zuwächse der vom unteren Mittelrippen-Parenchyme gesetzten aufsteigenden Kraft und der von den unteren Hälften der Blattflügel-Parenchyme herrührenden absteigenden Kraft. Endlich lassen sich jetzt auch die Folgen der Reizung begreifen, welche bei Ableitung von den beiden Enden der Mittelrippe zur Beobachtung kommen.

Wenn wir für die von den Blattflügel-Parenchymen und von dem oberen Mittelrippen-Parenchyme an der Mittelrippe gesetzten Kräfte bisher stillschweigend eine Symmetrie in den beiden Hälften der Mittelrippe angenommen haben, so ist dies nur der Einfachheit halber geschehen, weil die geringe Ungenauigkeit, welche wir uns damit zu Schulden kommen liessen, unseren bezüglichen Ausführungen keinen Eintrag thun konnte. Denn es liess sich leicht übersehen, dass wegen der Dickenabnahme der Mittelrippe in der Richtung von vorn nach hinten, wegen des wechselnden Umfanges der Mittelrippen-Parenchyme, wegen der von den Blattflügeln gebildeten Nebenschliessungen u. s. w. jene Symmetrie eine unvollkommene sein musste; und in Frage blieb nur die Art und Grösse der bestehenden Asymmetrie, weil wir diese als einen vorerst wenig wesentlichen Umstand nicht weiter mit der Untersuchung verfolgten (s. o. S. 86). Nunmehr lehren uns offenbar die Reizversuche mit Ableitung von den Mittelrippen-Enden, dass auch schon ohne den Hinzutritt der durch das untere Mittelrippen-Parenchym gesetzten Kräfte der positivste Punkt an der Mittelrippe ein wenig über die Mitte derselben hinaus nach hinten verschoben ist, dass auch schon blos in Folge der Blattflügel-Parenchyme und des oberen Mittelrippen-Parenchyms eine schwache aufsteigende Kraft zwischen den beiden Enden der Mittelrippe besteht. Indem die Veränderungen, welche diese Kraft in Folge der Reizung erfährt, mit den Veränderungen der vom unteren Mittelrippen-Parenchyme herrührenden stärkeren aufsteigenden Kraft sich verbinden, entsteht die grosse positive Schwankung mit dem kleinen negativen Vorschlage, welche wir beobachtet haben.

Die Annahme, welche sich vorher allseitig zutreffend erwiesen hatte, hat sonach, mit einer naturgemässen Erweiterung für das untere Mittelrippen-Parenchym, wie eine solche von vorne herein (S. 139) sich hatte vorsehen lassen, auch bei unseren ersten Erfahrungen die Probe bestanden; und die ganze Reihe der Ergebnisse, welche unsere Reizversuche lieferten, ordnet sich ausnahmslos derselben unter. Es kann daher kein Zweifel sein, dass diese Annahme der Wirklichkeit entspricht. Aber es ist höchst interessant, dass nunmehr auch noch mit einem ganz einfachen Versuche die Richtigkeit der gewonnenen Einsicht sich erhärten lässt. Da das untere Mittelrippen-Parenchym am Blatte und am Blattstiele ein natürliches einheitliches Ganzes bildet, muss, wenn die Zellen dieses Parenchyms in Folge der Reizung eine positive Schwankung erfahren, diese Schwankung, deren Erscheinungsweise an der Blatt-Mittelrippe durch die gleichzeitigen Veränderungen der anderen wirksamen Parenchyme des Blattes getrübt ist, an der Blattstiel-Mittelrippe ganz rein hervortreten als eine Verstärkung der durch das untere Mittelrippen-Parenchym hier gesetzten absteigenden Kraft[1]). Und das ist in der That der Fall. Zwar habe ich selber den Versuch, auf den ich zu spät verfiel, nicht angestellt, aber schon Hr. Sanderson hat ihn, natürlich ohne von seiner Bedeutung eine Ahnung zu haben, ausgeführt; und bei der Einfachheit der Beobachtung werden wir uns auf deren Richtigkeit verlassen dürfen. „Wenn der Stiel auf die Elektroden aufgelegt wird", sagt Hr. Sanderson[2]), „so wird die den Strom des Stieles anzeigende Ablenkung vergrössert, wenn das Blatt in einer der oben angegebenen Weisen gereizt wird." Mit diesem unmittelbaren Nachweise der positiven Schwankung der Zellen des unteren Mittelrippen-Parenchyms sind aber offenbar zugleich unsere voraufgegangenen Ermittelungen über die Veränderungen der anderen wirksamen Parenchymzellen, aus welchen die Erkenntniss jener positiven Schwankung nur als eine einfache und letzte Consequenz floss, auf das Beste verbürgt.

In Folge der Reizung erfahren also die Zellen der oberen Hälften der Blattflügel-Parenchyme und des oberen Mittelrippen-Parenchyms eine negative, die Zellen der unteren Hälften der Blattflügel-Parenchyme und des unteren Mittelrippen-Parenchyms eine positive Schwankung; d. h. die Negativität der Mitte der Zellen gegen ihre Pole nimmt in Folge der Reizung bei den ersteren Zellen ab, bei den letzteren Zellen zu. Mit grosser Geschwindigkeit müssen sich diese Abnahme und diese Zunahme von dem Orte der Reizung aus durch die ganze Zellenmasse fortpflanzen, in einer Zeit, die nur klein ist gegen die Dauer des Vorganges an der einzelnen Zelle, da anderenfalls Unterschiede in den elektrischen Erscheinungen, je nach dem Orte der Reizung, sich uns hätten kundgeben müssen. Und indem so ohne wesentlichen Fehler der elektrische Vorgang an allen zusammengehörigen Zellen als gleichzeitig anzunehmen ist, lässt sich, was wir für die Einzelschwankungen, welche die an der Mittelrippe zur Be-

1) Vgl. oben S. 84 —5.

2) Centralbl. S. 835; Proceed. p. 496.

obachtung kommende Doppelschwankung resp. complicirte Schwankung zusammensetzen, hinsichts ihrer Abhängigkeit von der Stärke der Reizung ermittelt haben, auf die Vorgänge an den Zellen selbst übertragen. Mit wachsender Reizung wachsen danach die Abnahme und die Zunahme und verändern sich zugleich in ihrem zeitlichen Verlaufe derart, dass die Zunahme immer rascher an Steilheit des Ansteigens zum Maximum gewinnt, als die Abnahme an Steilheit des Abfalles zum Minimum; so dass jenes Maximum, das bei schwacher Reizung verhältnissmässig weit in der Zeit zurückbleibt gegen dieses Minimum, mit wachsender Reizung dem letzteren immer mehr sich nähert. Ueber die relative Grösse der Abnahme und der Zunahme ist Nichts mit Sicherheit auszusagen, wegen der verwickelten Beziehung, in welcher der zur Beobachtung kommende negative Vorschlag zur negativen Schwankung der Zellen steht (s. o. S. 147—8).

Bemerkenswerth ist dann noch ein Zeitverhältniss der elektrischen Vorgänge, für dessen Verständniss ich Folgendes vorausschicken muss.

Nach Hrn. Sanderson liegt zwischen der Reizung und der negativen Schwankung bei unserem Blatte ein Intervall von $^1/_4$—$^1/_2$ Sec. (s. o. S. 124), und dieses Intervall soll der Periode der latenten Reizung des Muskels entsprechen. „On thus exciting the leaf", sagt Hr. Sanderson[1]), „the spot of light shot to the left, but it was observed that there was an obvious interval of time between the excitation and the effect. This period, though of much greater duration, corresponds to the so-called „period of latent stimulation" in muscle." Das ist aber unrichtig, da man unter der Periode oder dem Stadium der latenten Reizung des Muskels die Zeit versteht, welche zwischen der Reizung und dem Beginne der Contraction verfliesst; und dieses Latenzstadium der Contraction hat Hr. Sanderson verwechselt mit dem Latenzstadium der negativen Schwankung, dem Intervalle zwischen

1) Nat. p. 128.

der Reizung und der negativen Schwankung des Muskels. Wenn Hrn. Sanderson's Beobachtung richtig ist, so hat unsere Doppelschwankung am Blatte ein Latenzstadium von $^1/_4$—$^1/_2$ Sec.; aber von demselben ist dann wohl zu unterscheiden ein anderes Latenzstadium der Reizbewegung, das Hrn. Sanderson entgangen ist. Um das letztere zu constatiren, bedarf es nicht erst besonderer Hülfsmittel; sobald man nur überhaupt darauf achtet, fällt es auf, wie eine verhältnissmässig lange Zeit, etwa eine Secunde und mehr, zwischen der Reizung und dem Beginne der Reizbewegung verfliesst; und an Blättern geringerer Reizbarkeit, bei welchen diese Zeit verlängert ist, lässt sich das mehrere Secunden betragende Intervall sogar bei flüchtiger Betrachtung nicht übersehen.

In dieses Latenzstadium der Reizbewegung fällt nun ein grosser Theil der elektrischen Vorgänge, welche die Reizung nach sich zieht. Schon bei den Reizversuchen mit Ableitung von der Mittelrippe kann man sich davon überzeugen. Wenn der Beobachter am Fernrohre in einem Falle, in welchem das Blatt auf Reizung sich schliesst, nachdem er die Doppelschwankung bis zur Constatirung des positiven Maximum's verfolgt hat, den Kopf nach dem Blatte wendet, so findet er das Blatt jüngst erst in die Bewegung eingetreten, die Blattflügel höchstens etwa um $^1/_4$ des Weges, den sie zur Schliessung des Blattes zurückzulegen haben, einander genähert. Genauer ist aber der Sachverhalt festzustellen, wenn bei Ableitung von der Mittelrippe und der unteren Fläche des Blattflügels das Blatt sich schliesst. Obwohl hier, sobald die Reizbewegung beginnt, der Bussolkreis geöffnet wird, sieht man doch regelmässig die Doppelschwankung, die positive Schwankung mit dem negativen Vorschlage, so wie sonst ablaufen, nur dass die Rückkehr des Spiegels zur Anfangsstellung rascher als sonst erfolgt; und wo Reizversuche ohne Reizbewegung vorausgegangen waren, stellt sich jetzt das Maximum der positiven Schwankung ohngefähr ebensogross oder doch nur wenig kleiner als vorher heraus. Es sind danach die negative Schwankung der oberen Parenchymzellen und die positive Schwankung der unteren Parenchymzellen zu einem grossen Theile, etwa bis zum Minimum resp. Maximum, bereits abgelaufen, wenn die Reizbewegung beginnt.

§. 7. Schlussbetrachtungen.

Das sind die Untersuchungen, welche ich mitzutheilen hatte. Es bleibt nur übrig, dass wir ihre Ergebnisse noch von den weiteren Gesichtspunkten aus mustern, welche unser Interesse für das Dionaea-Blatt bestimmten.

Unsere Kenntniss von der Contraction ist leer ausgegangen, und sie musste leer ausgehen, weil die Bewegung unseres Blattes, wie sich ergab, gar Nichts mit der Muskelverkürzung zu schaffen hat, sondern den sonstigen Bewegungen der Pflanzen sich anreiht. Von den beiden Eigenschaften, welche die Thierähnlichkeit der Dionaea ausmachen sollten, der Verdauungsfähigkeit und der Contractilität, bleibt demgemäss auch nur die erstere bestehen; und selbst hinsichts dieser muss man auf eigene Gedanken kommen, wenn man einerseits den Reichthum der Pflanze an Wurzeln und ihr prächtiges Gedeihen bei Ausschluss jeder thierischen Nahrung constatirt, andererseits die Blätter durch die Zufuhr thierischer Nahrung zu Grunde gehen, gleichsam am Bissen ersticken oder richtiger durch die Nahrung vergiftet werden sieht. Das Vertreiben und Fangen von Insecten mag unserer Pflanze von Nutzen sein, aber in deren Verdauung kann ich nur einen Nachtheil für die Pflanze erkennen; und gerade das Eigenthümliche, dass der Verdauungsvorgang hier zugleich physiologischer und pathologischer Natur ist, scheint mir es zu bedingen, was Hr. Darwin so auffällig findet[1]), dass die Dionaea trotz der so hohen Differenzirung ihrer Organe und trotz ihrer ausgezeichneten Anpassung doch auf dem Wege zum Erlöschen ist.

In einer anderen Richtung hat sich die gesuchte Entscheidung gefunden. Als die Präexistenz der elektrischen Gegen-

1) Ins. Pl. p. 358.

sätze im Muskel und Nerven von Hrn. L. Hermann[1]) bestritten worden war, weil die ruhenden Muskeln im unversehrten lebenden Frosche stromlos sein und erst durch eine mit der Entblössung verbundene Schädlichkeit elektromotorisch wirksam werden sollten, habe ich das Irrige der neuen Lehre dargethan[2]), indem ich zeigte, wie die zwischen der Haut und den Muskeln des Frosches befindliche Lymphe eine gute Nebenschliessung für die Muskelströme abgiebt, so dass nur Spuren dieser Ströme am unversehrten Thiere zur Beobachtung kommen können, und indem ich weiter die schwachen Muskelströme neben den Hautströmen an der Oberfläche des unenthäuteten lebenden Frosches nachwies. Zwar hat sich Hr. Hermann bei dieser Widerlegung nicht beruhigt; aber weder habe ich auf seine phrasenhaften Erörterungen[3]) etwas Wesentliches zu bemerken nöthig gehabt, das nicht schon in meinen Mittheilungen enthalten war, noch habe ich es über mich zu gewinnen vermocht, mit einem Gegner in Discussion zu treten, der nicht begriff, dass, wenn, was sonst deutlich sichtbar, unter Umständen undeutlich oder selbst gar nicht wahrnehmbar ist, daraus doch nicht geschlossen werden darf, dass dasselbe dann gar nicht vorhanden ist. Jetzt bin ich Hrn. Hermann auf einem neuen, dem pflanzlichen Gebiete begegnet. Nach den Strömen an Thieren hat Hr. Hermann auch noch die Ströme an Pflanzen in den Bereich seiner Untersuchung gezogen[4]) und auch auf diese Ströme, welche er an den Stengeln der verschiedensten Pflanzen, an Blättern, Blüthen u. s. w. studirt hat, seine Lehre ausgedehnt. Die Ströme der Pflanzen[5])

1) Untersuchungen zur Physiologie der Muskeln und Nerven. Drittes Heft. Berlin 1868.

2) Archiv für Anatomie, Physiologie u. s. w. 1868. S. 529 ff.; 1869. S. 649 ff.

3) Archiv für die gesammte Physiologie u. s. w. Bd. III. 1870. S. 15 ff.; Bd. IV. 1871. S. 149 ff.

4) Ebenda, Bd. IV. 1871. S. 155 ff.

5) Die Kenntniss der Pflanzen - Ströme ist bisher eine höchst ungenügende geblieben. Die älteren Untersuchungen sind sichtlich unzureichend, und die beiden neuesten, die eben angeführte Hrn. Hermann's vom J. 1871 und Hrn. J. Ranke's Untersuchung

stehen nach ihm „mit den Lebenseigenschaften der Pflanzengewebe in innigem Zusammenhange, gerade wie die Muskelströme mit den Lebenseigenschaften der Muskeln. Ihre Grundbedingung ist das Vorhandensein einer Verlezzung an einem noch lebenden Pflanzentheile; die Art der Verletzung ist wie bei den Muskeln gleichgültig.“[1]) Schlagender aber kann eine Widerlegung gar nicht gedacht werden, als sie die vorliegenden Untersuchungen an unversehrten Blättern unversehrter Pflanzen liefern mit ihren elektrischen Erscheinungen von der gleichen Art, wie die elektrischen Erscheinungen an den Muskeln und Nerven. Verschwendung wäre danach jedes Wort, das sich noch weiter mit der Irrlehre befasste.

Endlich, was die Fragen nach Wesen und Bedeutung der elektrischen Erscheinungen an Nerv und Muskel betrifft, sehen wir zwar nicht unmittelbare Erfolge, aber doch wesentliche Fortschritte erzielt. An die Stelle der spurweisen und vielfach unzutreffenden ersten Wahrnehmungen von Hrn. Sanderson ist eine genauere Kenntniss des Dionaea-Blattes in elektrischer Beziehung getreten, wonach dieses Blatt den Nerven, Muskeln und elektrischen Organen mit seiner elektromotorischen Wirksamkeit sich an die Seite stellt. Und nicht blos im Allgemei-

---

vom J. 1872 (Münchener Sitzungsber. Math.-phys. Kl. II. S. 177 ff.) widersprechen einander geradezu. Darauf, dass Hr. Hermann alle Ströme von Verletzungen ableitet, während Hr. Ranke „falsche“ Ströme, die von Verletzungen herrühren, von den „wahren“ Strömen unterscheidet, würde weniger Gewicht zu legen sein. Aber es besteht ein rein thatsächlicher und dabei vollkommener Widerspruch in der Hauptsache, indem Hr. Hermann den künstlichen Längsschnitt deutlich längsgefaserter Pflanzentheile positiv, Hr. Ranke dagegen negativ gegen den künstlichen Querschnitt findet. Da Hr. Ranke Hrn. Hermann's Untersuchung in seiner Mittheilung nicht berücksichtigt hat, sind neue Untersuchungen erforderlich, um den wahren Sachverhalt festzustellen. Dass Hr. Ranke an seinen von künstlichem Längs- und Querschnitte begrenzten parallelfaserigen Pflanzenstücken auch die Neigungsströme und die schwachen Längs- und Querschnittsströme hat beobachten können, scheint zugleich mit unseren Ermittelungen für Hrn. Ranke's Angabe zu sprechen.

1) A. a. O. S. 161—2.

nen ein neues Angriffsobject ist damit gewonnen, um die elektrischen Erscheinungen an den Organismen verstehen zu lernen, sondern auch die besonderen Angriffspunkte sind bereits hervorgetreten. Gegenüber den zur Zeit unfassbaren elektromotorisch wirksamen Muskel- und Nervenelementen und gegenüber den nicht minder dunklen Elementen der elektrischen Platte haben wir an unseren wirksamen Parenchymzellen wohldefinirte und dem Versuche wohl zugängliche Gebilde; und diese Gebilde zeigen auf Reizung, bei auch anderweitig entgegengesetztem Verhalten, die einen eine negative, die anderen eine positive Schwankung, während sonst blos die negative Schwankung dem Nerven und Muskel, blos die positive Schwankung der elektrischen Platte zukommt. Bis zu einem gewissen Punkte ist dann auch schon der Angriff durchgeführt. Da die elektromotorischen Kräfte unserer Zellen nach Ablauf der elektrischen Folgen der Reizung, auch wenn die Reizbewegung stattgehabt hat, genau dieselben wie vor der Reizung und überhaupt überall unabhängig vom Oeffnungswinkel des Blattes sind, und da die elektrischen Vorgänge in Folge der Reizung auch ohne die Reizbewegung eintreten und, wo sie von der letzteren begleitet sind, doch zum grossen Theile vor deren Beginn ablaufen, so steht es fest, dass die elektromotorische Wirksamkeit der Zellen zur Form und zum Wassergehalte der Zellen in keiner unmittelbaren Beziehung steht. Vielmehr muss die elektromotorische Wirksamkeit der Zelle der Ausdruck oder die Resultirende sein einer Eigenschaft der Zelle oder eines Bestandtheiles derselben, welche unmittelbar durch die Reizung vorübergehend verändert wird und deren Veränderung, wenn sie eine gewisse Grösse erreicht hat, die Form- und Wassergehalts-Veränderung der Zelle nach sich zieht. Da nun nach Hrn. Pfeffer[1]) der Primordialschlauch der bei Reizung variable Theil der Zelle ist und zwar sein Filtrationswiderstand in Folge der Reizung plötzlich sinkt, so muss die elektromo-

1) Physiologische Untersuchungen. Leipzig 1873. S. 131 ff. — Botanische Zeitung, 34. Jahrg. No. 5. (4. Februar) 1876. S. 75 ff.

torische Wirksamkeit der Zelle der Ausdruck oder die Resultirende sein der Eigenschaft des Primordialschlauches, von welcher die Grösse seines Filtrationswiderstandes abhängig ist. Von hier aus kann möglicherweise schon der nächste Schritt die Bewältigung der Probleme einleiten; aber gerade je folgenreicher der Schritt wäre, desto mehr nehme ich Anstand, mit der Hypothese der Erfahrung vorzugreifen.

Berlin, im März 1876.

Druck von Gebr. Unger (Th. Grimm) in Berlin, Schönebergerstr. 17a.

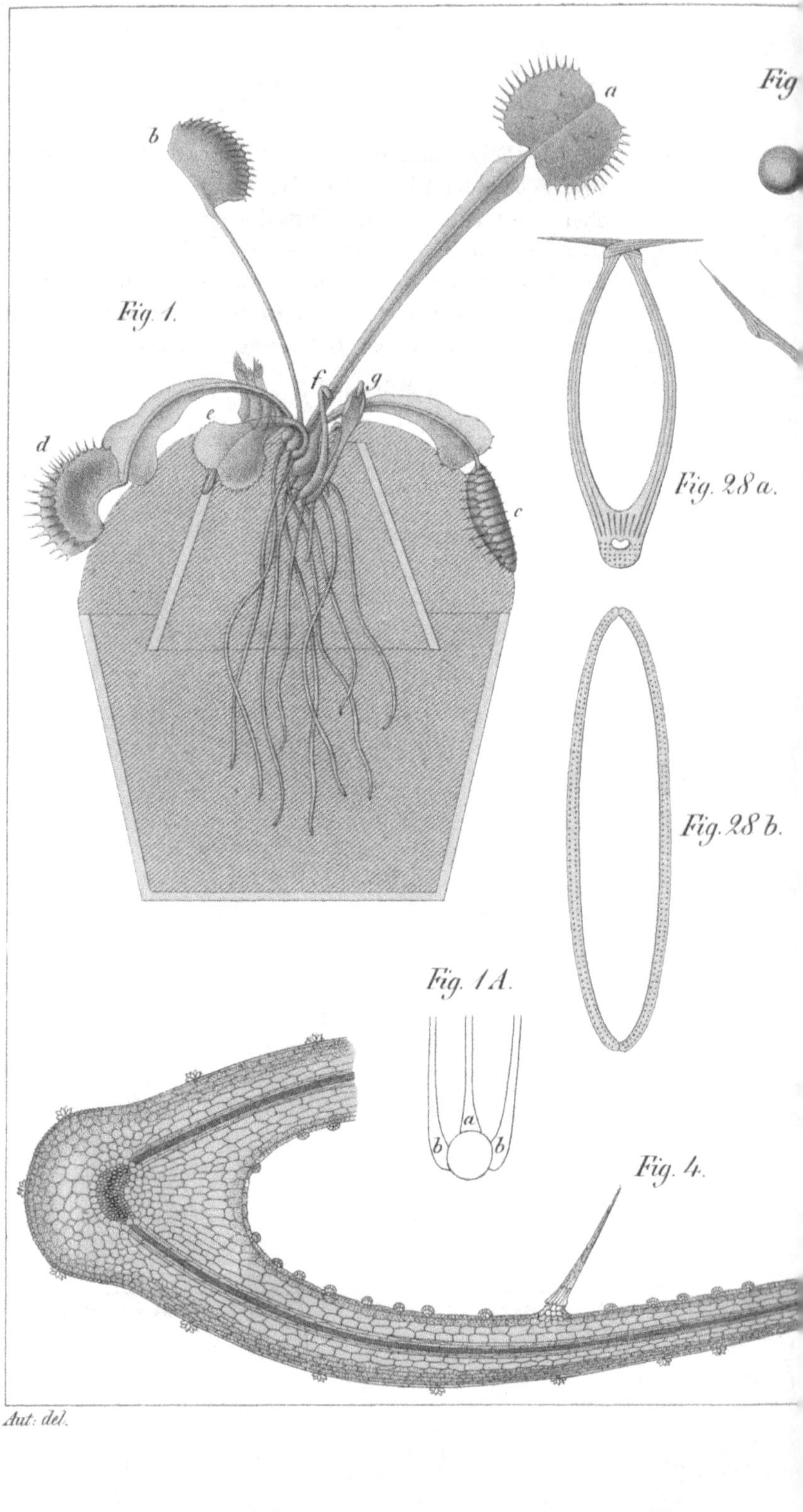

Aut: del.

Taf. I.

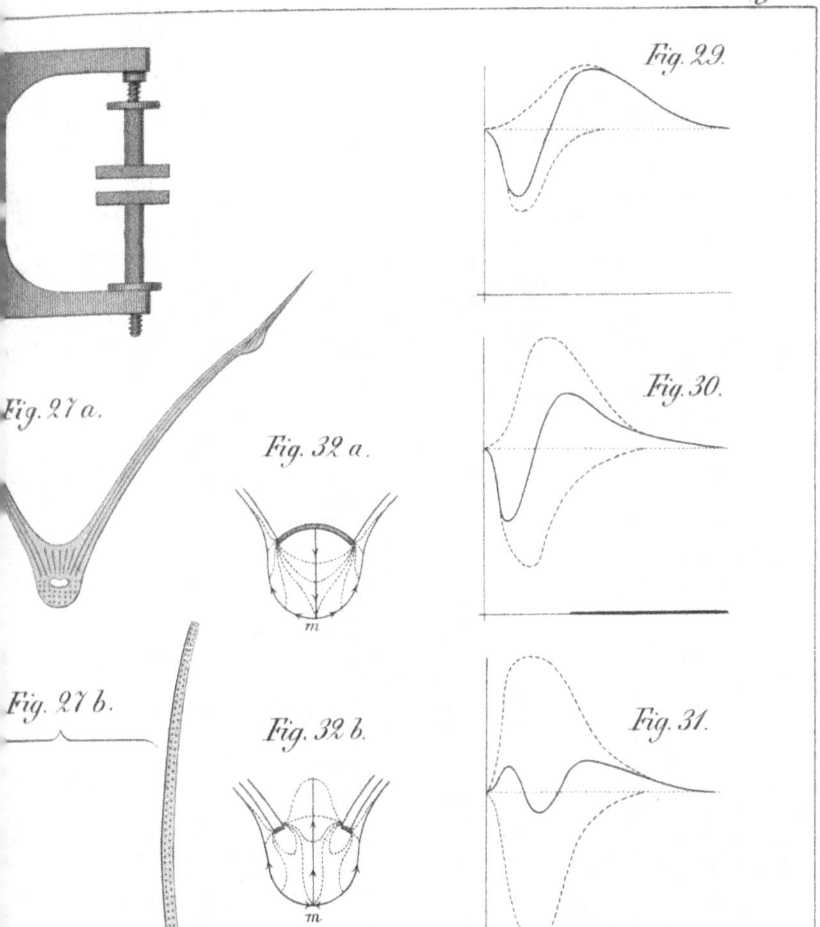

Laue lith.

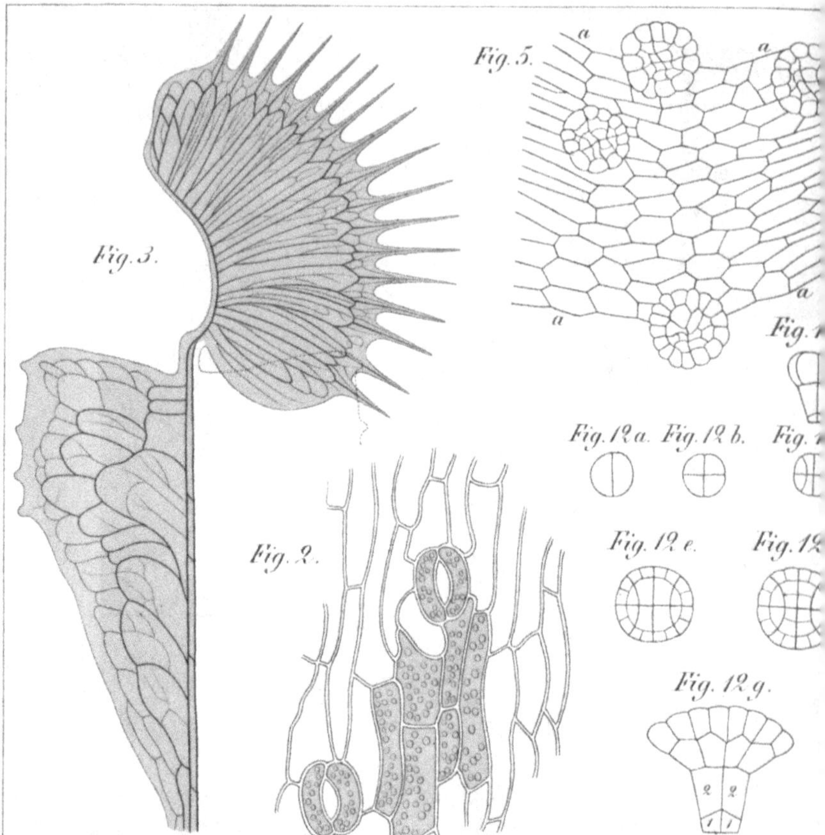

Kurtz del.

Taf. II.

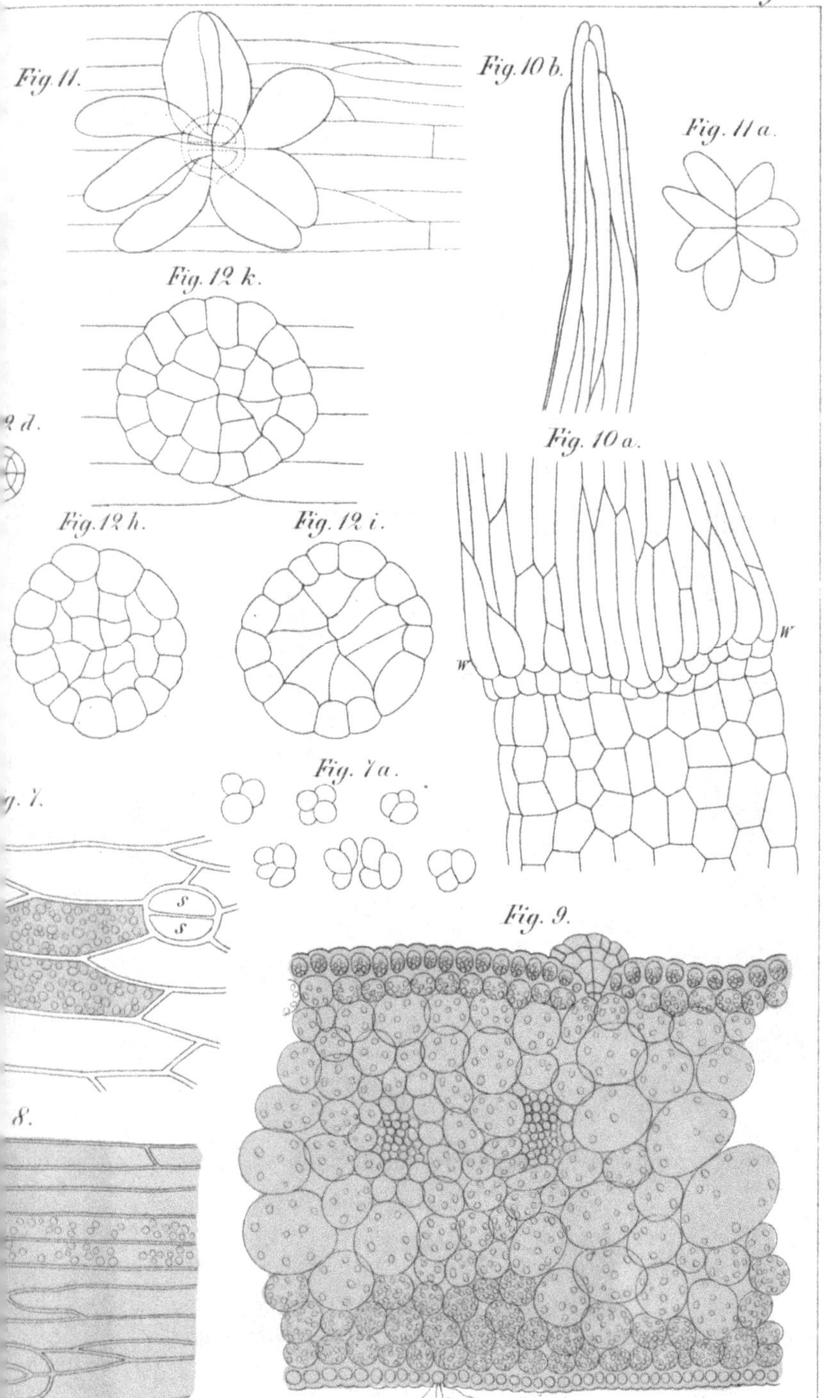

Lane lith.

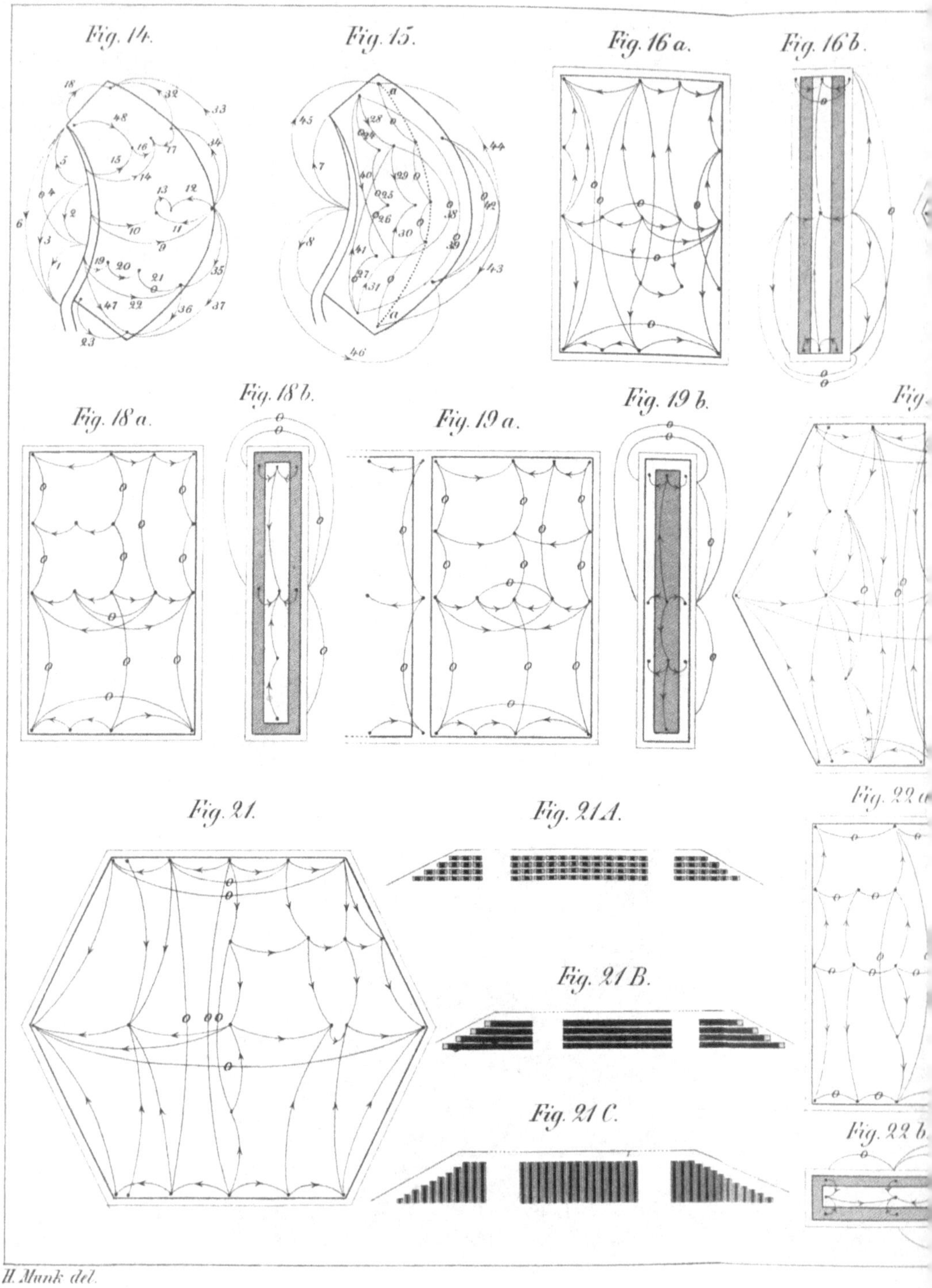
Fig. 14.
Fig. 15.
Fig. 16 a.
Fig. 16 b.
Fig. 18 a.
Fig. 18 b.
Fig. 19 a.
Fig. 19 b.
Fig. 21.
Fig. 21 A.
Fig. 21 B.
Fig. 21 C.

H. Munk del.

Taf. III.

Fig. 16 c.

Fig. 17 a.

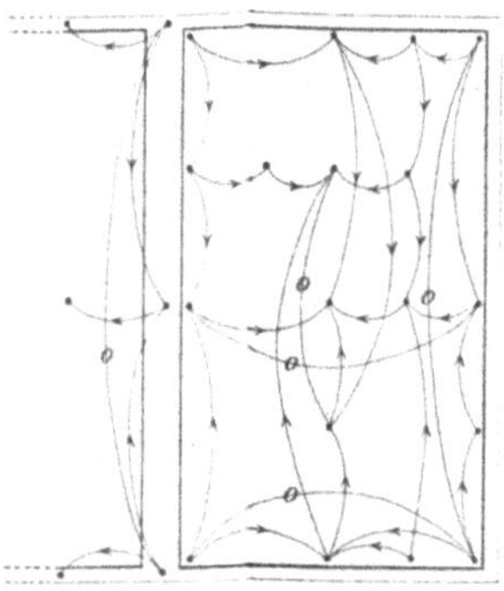

Fig. 17 b.

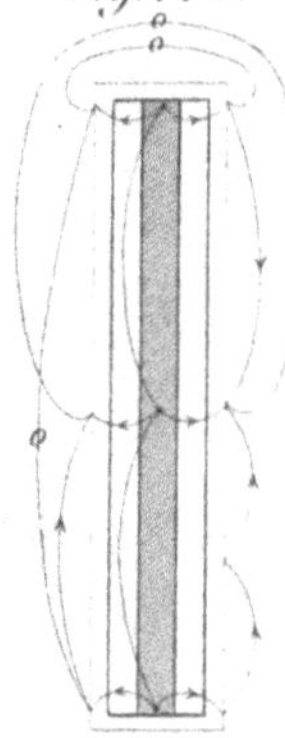

Fig. 17 c.

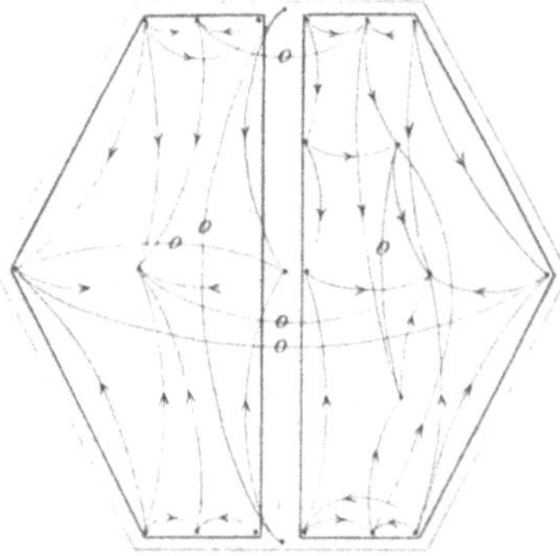

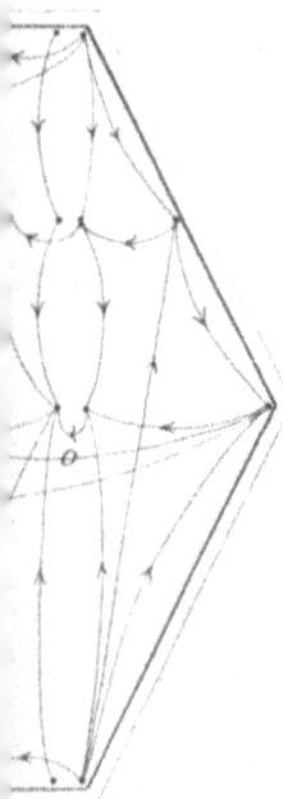

Fig. 20.

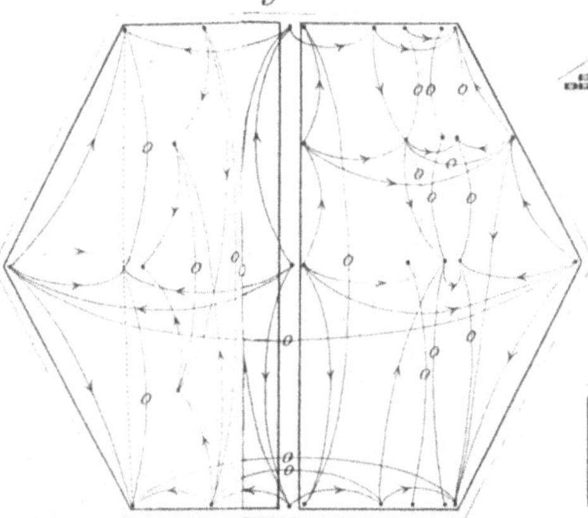

Fig. 20 A.

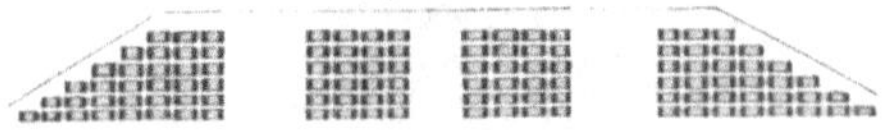

Fig. 20 B.

Fig. 20 C.

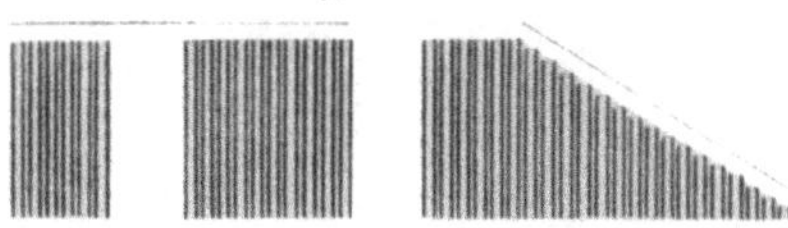

Fig. 23 a.

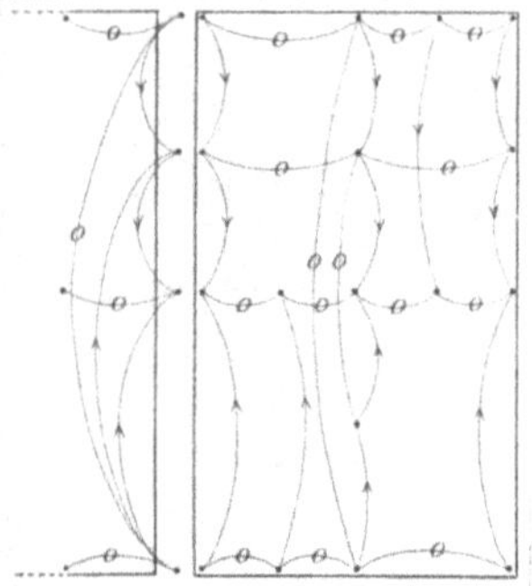

Fig. 24.

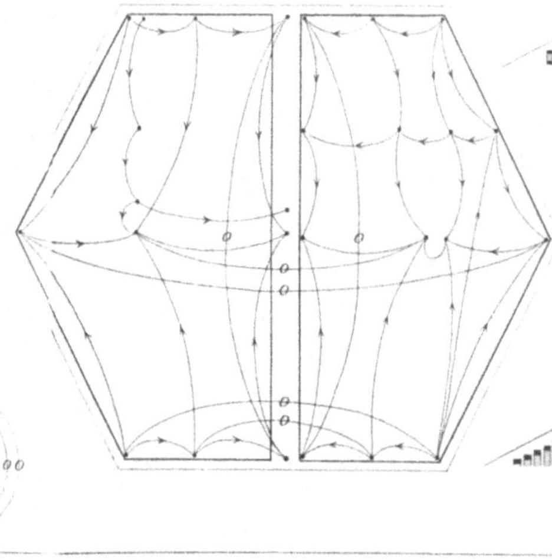

Fig. 24 A.

Fig. 24 B.

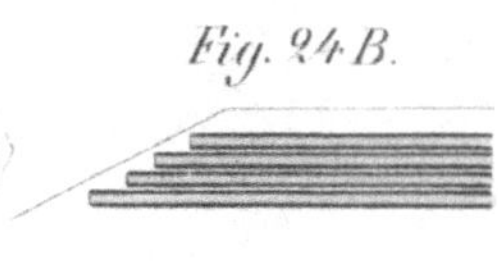

Fig. 23 b.

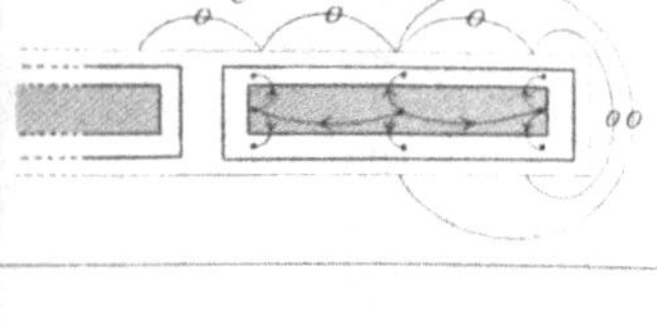

Fig. 24 C.

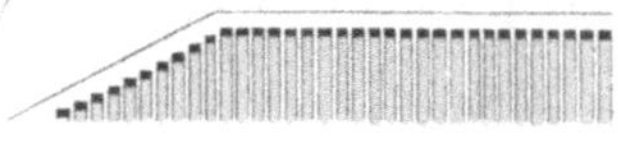

Laue lith.

FSC
www.fsc.org
MIX
Papier | Fördert gute Waldnutzung
FSC® C083411

Zeitfracht Medien GmbH
Ferdinand-Jühlke-Straße 7
99095 Erfurt, Deutschland
produktsicherheit@kolibri360.de